最適線形判別関数

新村秀一 [著]

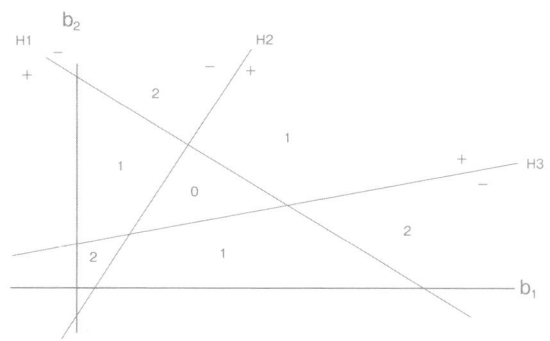

$$MIN\ \Sigma e_i$$
$$y_i * (x_i' b + 1) >= -e_i$$

日科技連

はじめに

　フィッシャー(R. Fisher)は**推測統計学**の泰斗であり，実験計画法，分散分析，判別分析の新分野を切り開いた．推測統計学は，主として正規分布を仮定することで調べていない母集団を推測できる．このため，この方法論が統計学で墨守されてきた．彼の提案した線形判別関数(LDF)は2群が多次元正規分布し分散共分散行列が等しいというフィッシャーの仮説で定式化されるが，現実のデータにはこのような強い仮説を満たすものはほどんどない．このため，判別結果が**正規性から乖離**していることの問題意識はあったが，本質的な解決策がなかった．仮にデータが仮説を満たせば，LDFの誤分類数は最小になる．すなわち，最初から**誤分類数最小化**(Minimum Number of Misclassifications, MNM)**基準**で定式化すればよかったが，MNM 基準による線形判別関数は，現時点では**整数計画法**による**改定 IP-OLDF**による**最適線形判別関数**でしか実現できない．また，判別分析には驚くような問題点が未解決のまま放置されてきた．

① 判別関数 $y = f(x)$ が $y > 0$ であれば群1，$y < 0$ であれば群2と判別するが，判別得点が $y = 0$ の判別超平面上のケースの帰属が判定不能なまま放置されてきた．

② 正規分布を仮定しているにもかかわらず，誤分類確率や判別係数の信頼区間がわかっていなかった．判別分析は，推測統計学とは無縁の学問であり，2群が正規分布であることを仮定する必要がなかった．

③ 誤分類数と判別係数の関係が不明であった．

④ 統計的線形判別関数は，**線形分離可能**(MNM = 0)なデータを一般的に認識できない．パターン認識では，2つの対象を完全に分けることができればそれで目的を達成するが，統計の変数選択法にはこの概念が入っていない．

⑤ このため，AIC 基準，Cp 統計量，逐次 F 検定は線形分離可能な判別係数の空間より，より高次の空間を選ぶという重大な瑕疵がある．

今回の**MNM基準**による**最適線形判別関数**の研究で，上記で指摘した全ての判別分析の問題点が解明できた．そして最適線形判別関数は，1936年にフィッシャーが判別分析を提案し，その後70年以上にわたって開発されてきた種々の判別手法と比較して，格段に良い判別結果が得られることを実証研究で確認した．

本書は，次のような読者を対象にしている．

① すでに判別分析を利用している読者は，強力で簡単な最適線形判別関数で見直してみよう．特に，判別分析の成果を実際に利用している方は，新手法に置き換えることで格段の改善が図れるだろう．そのためにすぐに利用できるプログラムも本書や文献で公開した(p.202 参照)．

② 判別分析は重回帰分析と並んで統計学で重要であるが，重回帰分析と異なり解説書は少ない．これは前に述べた通り判別分析には多くの問題があり，利用者はしっくりこないまま統計ソフトで実際の応用問題を解決してきたためではなかろうか．そこで本書は，比較検証のため4種類の実データと，そこから作成したBootstrap標本を用い，既存の統計的判別手法との比較を行っている．このため，判別分析の導入解説書としても適していると考える．

本書では，「アイリスデータ」(フィッシャーの前提を比較的満たす)，「CPDデータ」(多重共線性がある)，「学生データ」(Haar条件を満たさない)，「銀行データ」(2個の説明変数でMNM = 0)という性格の異なる4種類の実データを用いた．「CPDデータ」は説明変数が19個あり，約52万個の説明変数の異なる判別モデルのうち40個に限定して検討する．残りの実データは，全ての説明変数の組み合わせで検討した．すなわち，149組の説明変数の異なる判別モデルで評価を行った．当初，これらの実データを「教師データ」として判別手法の評価を行った．

次に，この実データから3種類のBootstrap標本を作製した．最初は図の(Ⅰ)に示す通り，実データを「教師データ」とし，実データから2群の平均と分散共分散行列を計算して，2万件の多次元正規乱数を生成して「評価データ」

に用いた．これはフィッシャーの仮説を意識した検討である．種々の分析を行ったが，実データは正規性から乖離しているため，「教師データ」より「評価データ」の誤分類確率が小さい場合が多かった．それ以上の成果は出ていないので本書では省いた．

　（Ⅱ）は，4種の実データから一様乱数で2万件のケースを復元抽出して「評価データ」を作成した．このデータを用いて，改定 IP-OLDF と改定 IPLP-OLDF の比較を行った．後者の誤分類数は「教師データ」では改定 IP-OLDF

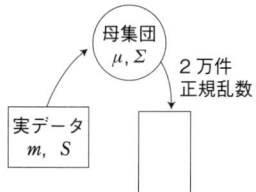

（Ⅰ）　実データと2万件の正規乱数（Fisher の仮説に近い）

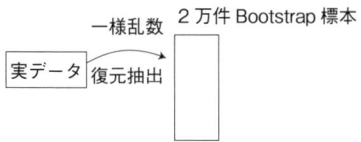

（Ⅱ）　実データと2万件の Bootstrap 標本

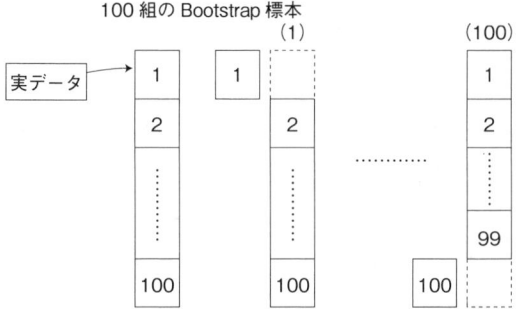

（Ⅲ）　100組の Bootstrap 標本と100重交差検証法

　図　実データから作成した3種の評価データ

のMNMと一致し,「評価データ」では2つの誤分類確率はほぼ一致した.
　(III)は,実データと同じケース数をもつ100組のBootstrap標本を復元抽出して,1組を「教師データ」,残りの99組を「評価データ」として改定IPLP-OLDFとLDFとロジスティック回帰で100重交差検証法を行った.これで135個の説明変数の異なるモデルで,改定IPLP-OLDFの平均誤分類確率の方が小さいものが多かった.また,誤分類確率や判別係数の信頼区間を求めた.
　本書の構成は次の通りである.
　第1章は,判別分析と数理計画法の基本的な知識を解説している.また判別分析の抱える問題点を説明する.そして「アイリスデータ」の15モデルとCPDデータの40モデルで,LDF,2次判別関数,IP-OLDF,LP-OLDFの分析結果を比較した.各判別手法の誤分類数を変数増加法と変数減少法で得られたモデル系列(基本系列)上で比較することで,LDFや2次判別関数の現実適用を疑わせる事実を紹介する.また115組の2変数の正規乱数の「教師データ」と「評価データ」で同様な分析を行って,乱数と実データによる結果の違いを検討する.
　第2章では,数理計画法を用いて開発した7個の判別手法と,SVMを紹介する.そしてIP-OLDFがデータ空間と判別係数の空間の両方で解釈できることから,誤分類数と判別係数のまったく知られていなかった驚くべき新事実を説明する.すなわち,判別係数の空間は「教師データ」の説明変数の値で作られる線形超平面で有限個の凸体に分割される.各凸体の内点は,データ空間では一つの判別関数になる.同じ凸体の内点に対応した判別関数は,同じケースを正しく判別し,残りを誤判別する.すなわち,**凸体の内点は判別関数としては等値であり,同じ誤分類数をもつ**.そして,誤分類数が最小の最適凸体を求めれば,判別分析の抱える全ての問題点が氷解する.
　また63個の「銀行データ」のモデルを用いて分析を行った.このデータは,($X4$, $X6$)という2変数で線形分離可能(MNM = 0)であり,この2変数を含む全てのモデルで線形分離可能になる.しかし,統計的変数選択法は5変数あるいは6変数のより高次のモデルを選ぶ.これは銀行データ固有の特徴でなく,

「アイリスデータ」と「CPD データ」の平均値の距離を拡大して線形分離可能なデータに作り替えても再現できる．すなわち，**統計的判別関数は線形分離可能という事実を認識できないばかりか，変数選択法は間違った高次のモデルを選ぶという瑕疵がある**ことを示す．

第3章は，「学生データ」のような Haar 条件を満たさないデータで生じる判別分析の問題点を紹介する．IP-OLDF は最適凸体の内点でなく，頂点（データ空間で考えると判別超平面上にケースがくる）を求める手法である．判別超平面上のケースを無条件に正しく判別されたとみなして誤分類数を計算するので，$(p+1)$ 個以上ある場合に正しい誤分類数が得られないことがある．これは，判別超平面上のケースの扱いを決めないできたため，全ての判別手法の抱える問題である．これが唯一**改定 IP-OLDF で最適凸体の内点を求めることができ，解決できた**．

これによって，種々の判別関数の比較ができるようになった．What'sBest! という Excel のアドインソフトで，4種類の実データを用い，改定 IP-OLDF，改定 LP-OLDF，IP-OLDF，LP-OLDF と S-SVM の分析結果を紹介する．特に，S-SVM のペナルティ c のチューニングの問題点を示す．

第4章と第5章では，LINGO という数理計画法ソフトを用いる．第4章では，4種の実データの誤分類数を MNM と比較する．これによって判別超平面上のケースの扱いを放置してきたことの問題点が明らかになる．第5章で，図の(II)のデータを用い，149 組の判別モデルで改定 IPLP-OLDF が改定 IP-OLDF より計算速度が速いことと，得られた誤分類数が MNM の良い近似値であることを示す．この結果を受けて，図の(III)のデータを用いて，135 組の判別モデルで100 重交差検証法を行った．そして改定 IPLP-OLDF の平均誤分類確率が，LDF とロジスティック回帰より著しく優れていることがわかった．

2010年7月22日

成蹊大学 経済学部

教授　新　村　秀　一

目　次

はじめに ………………………………………………………………… iii

第1章　判別分析の世界 ……………………………………………… 1
1.1　統計的判別分析について　2
1.2　判別分析で考慮すべき点　13
1.3　数理計画法による判別分析　20
1.4　問題だらけの判別分析　26
1.5　アイリスデータ(フィッシャーの仮説を満たす)　29
1.6　CPDデータ(多重共線性)　40
1.7　2変量正規乱数データによるIP-OLDFの評価　53

第2章　数理計画法による判別分析の12年 ………………………… 61
2.1　数理計画法による最適線形判別関数の研究　61
2.2　MNM基準による判別分析　66
2.3　12年間の判別研究のポイント　74
2.4　MNMの有用性　82
2.5　銀行データ(MNM＝0)の分析結果　85
2.6　MNMによる新しい変数選択法の提案　88
2.7　3種類の実データと変換データによる変数選択法の問題点の検討　94

第3章　最適線形判別関数とSVMの秘密 …………………………… 99
3.1　学生データ(一般位置にない)　99
3.2　改定IP-OLDFと改定LP-OLDFの提案　104

3.3　SVMのアルゴリズムの秘密　*121*
3.4　数理計画法による線形判別関数のまとめ　*130*

第4章　LINGOによる誤分類数の検証　*133*
4.1　学生データの誤分類数　*134*
4.2　アイリスデータの誤分類数　*142*
4.3　銀行データの誤分類数　*143*
4.4　CPDデータの誤分類数　*146*
4.5　まとめ　*148*

第5章　フィッシャーの判別分析を越えて　*149*
5.1　改定IP-OLDFと改定IPLP-OLDFの比較　*150*
5.2　100重交差検証法による改定IPLP-OLDFと判別手法との比較　*162*

付録A　LINGOのプログラム（第4章で利用）　*195*
　A.1　改定IP-OLDFのモデル化　*195*
　A.2　LINGOによる改定LP-OLDFのプログラム　*199*
　A.3　LINGOによるIP-OLDFのプログラム　*200*
　A.4　LINGOによるSVMのプログラム　*200*
付録B　JMPによるLDFとロジスティック回帰の100重交差検証法　*201*
付録C　最適線形判別関数を応用したい読者へのメッセージ　*202*

あとがき　*203*
引用文献・参考文献　*205*
索　　引　*209*

第1章 判別分析の世界

　判別分析は，回帰分析と並んで理論的に重要であり，応用範囲の広い手法である．例えば，医学研究や医療の診断，企業財務データによる企業倒産の研究やクレジット顧客の与信管理，そして債券の格付けなどに広く用いられてきた．また，クラスター分析や決定木分析と共に，多くの研究分野における分類や判別にも広く用いられている．さらに，郵便番号読み取りのための文字認識や，個人識別のための顔認証，あるいは音声などのパターン認識の一手段としても研究されてきた．最近では，ゲノムデータの判別にも利用されている．
　このため，統計からのアプローチ以外にも，**数理計画法**(Mathematical Programming, **MP**)，パターン認識の成果の影響を受けた**SVM**(サポートベクターマシン，Support Vector Machine)，さらにはニューラルネットワークや遺伝的アルゴリズムなどの種々の異なった研究分野からのアプローチがある．
　筆者は大学を卒業した1971年以来，数多くの判別分析の実証研究を行ってきた．そして12年前から，**誤分類数最小化**(Minimum Number of Missclassifications, **MNM**)**基準**による判別関数の研究を行い，2010年の2月に驚くほどの成果を得て完了した．これまで数多くの統計の解説書を上梓してきたが，ほとんど判別分析には触れてこなかった．判別分析はその重要性にもかかわらず解説書は少ない．その理由としては，判別分析は理論より現実応用に重点があり，著者になる判別分析の研究者が少なかったためではなかろう

か．また，多くの人が理論的にしっくりこないまま，現実応用してきたためでないかと考える．与えられたデータの誤分類数を最小化する最適線形判別関数を考えれば，判別成績が驚くほど良くなり(**既存の判別手法より最大で平均誤分類確率が 8.61％以上良い**(後述の表 5.19 参照))，難しい議論が少なく，これまでわかっていなかった判別分析の奥深くて驚くべき事実が理解できる．

1.1 統計的判別分析について

判別したい対象を対象から得られた計測値で分ける判別分析の技術は，フィッシャー(R.Fisher)卿が **Fisher の線形判別関数**(Linear Discriminant Function, LDF)を提案したことで方向づけられた[1]．その後に **2 次判別関数**，マハラノビス(P. C. Mahalanobis)の距離による多群判別，林の数量化 II 類，ロジスティック回帰という豊饒な統計的判別分析の世界が展開された．

工学的には，文字認識，音声認識などの様々な分野でパターン認識の重要な技術として研究されている．一方，「データを科学する統計」の異母兄弟である「モデルを科学する数理計画法」でも 1970 年代以降研究され，1990 年代以降はパターン認識の影響を受けた SVM(Vapnik,V.,1995)の研究に引き継がれている[2]．

判別分析は，以下の数多くの問題を整理する必要がある．

① 分析対象を多群判別で一度に行うか，2 群判別の繰り返しで行うか(本書では多群判別は 2 群判別の組合せで行うべきと考え，扱わない)
② 事前確率とリスクの扱い
③ 分析結果の評価法
④ たくさんある説明変数の中からどの変数の組を選ぶかの変数選択法

1.1.1 判別分析の分類基準

判別分析の手法としては，表 1.1 のように確率分布を想定するかしないかと

表 1.1 判別手法の分類

1 確率分布
1 − 1 正規分布を仮定(plug-in-rule) ・線形判別関数(LDF) ・2 次判別関数
1 − 2 正規分布を仮定しない ・Bayes の定理 (質的変数) ・最近隣法(量的変数)
2 定式化に用いる関数
2 − 1 分散比 ・LDF ・正準判別関数 ・林の数量化 II 類
2 − 2 尤度比 ・ロジスティック回帰
2 − 3 MNM 基準 ・admissible な線形判別関数 ・最適線形判別関数(Optimal Linear Discriminant Function, OLDF)

いう立場と,定式化に用いる関数で分類できる.

1 番目の分類は,確率分布を想定するパラメトリック手法と,想定しないノンパラメトリック手法に分かれる.判別関数の代表的なものとして,フィッシャーの LDF と 2 次判別関数がある.これらはパラメトリックな手法で,判別される 2 群が多次元正規分布であると仮定し,説明変数の 1 次式あるいは 2 次式で表される.ノンパラメトリックな手法としては,離散変数に対してはベイズ(T. Bayes)の定理があり,医学分野の利用が多い.連続変量に対しては最近隣法による手法がある(複数の群からのマハラノビスの距離を求め,一番小さな距離をもつ群に判別する.多群判別にも適用可能).

2番目の分類は，分散比，尤度比，MNM基準という，定式化に用いる関数で分けることができる．分散比で定式化される手法としては，LDFや林の数量化II類がある．

フィッシャーはLDFの定式化を2群の分散比(群間分散/群内分散)を最大化，あるいは結果として2群の分散を考慮した平均の距離を最大化することでLDFを定式化した(佐藤，2010)[3]．この基準は，林の数量化II類の定式化にも用いられている．しかしLDFは，判別する2群が多次元正規分布し，分散共分散行列が等しいと仮定すれば，2群を表す正規分布の比の対数をとる尤度比関数を考えることで簡単に等値なものが導かれる．そこで本書では，LDFはこの仮説(2群が多次元正規分布し，分散共分散行列が等しい)を満たすことを前提としていると考え，これを「**フィッシャーの仮説**」と呼ぶことにする．

尤度比関数による手法としてはロジスティック回帰があり，LDFに代わって近年統計ユーザーに利用されている．

本書で提案する**最適線形判別関数**(Optimal Linear Discriminant Function, **OLDF**)は，MNM基準による線形判別関数である．現実のデータはフィッシャーの仮説を満たすものは少ない．このため，フィッシャーの大きな影響下にある推測統計学の研究者の間でも，判別分析ではフィッシャーの仮説を懐疑する「**正規性からの乖離**」が折に触れ問題視され，最良判別関数やadmissible(許容可能)な判別関数の研究があった．そしてこの事実を踏まえれば，最適線形判別関数といわず，最良線形判別関数の理論を完成させたというべきかもしれない．

もしデータがフィッシャーの仮説を満たせば，LDFの**誤分類数**(Number of Misclassifications, **NM**)はMNMに等しくなる．そこで，最初からMNM基準による最適線形判別関数の研究を行うのが自然であった．この基準による判別関数は今のところ筆者が開発した**整数計画法**(Integer Programming, **IP**)を用いた最適線形判別関数(**改定IP-OLDF**)でしか定式化できない．

フィッシャーの時代，計算時間のかかる整数計画法で定式化を試みることを期待することは難しかったであろう．また，分析対象をデータとしてとらえ

る「データを科学する統計学」と，分析対象を数式モデルとしてとらえ評価関数(**目的関数**)の**最適化**(**最大値／最小値**)を行う「モデルの科学である**数理計画法**」は，なぜか近い研究分野であるにもかかわらず，越え難くて深い溝があった．このため筆者は，12年の間，国内と国外の統計と OR の会議で成果発表を行ってきたが，論文を継続して発表している計算機統計学会以外で内容を理解したうえでの参加者からの本質的な質問は少なかった．

しかし，判別分析は医療診断に限らず，各種のスコアリングやパターン認識に用いられている実学である．現実のデータが正規分布していようがしていまいが，全ての線形判別関数の中で，MNM 基準による最適判別関数は教師データで誤分類確率が一番小さい．もし，「評価データ」でも誤分類確率が小さければ，LDF，数量化 II 類，ソフトマージン最大化 SVM(S-SVM)といった全ての線形判別関数が不要になる．

実際 13,500 個の判別関数で実証研究を行ったところ，LDF に限らずロジスティック回帰よりも，「教師データ」と「評価データ」で平均誤分類確率が最大でも 8.61% も小さいことがわかった(後述の表 5.19 参照)．

1.1.2　LDF と 2 次判別関数

ここでは，LDF，2 次判別関数，マハラノビスの距離による最近隣判別，ロジスティック回帰と決定木分析といった本書と関連する手法を紹介する．

（1）　LDF の定式化

LDF は，p 個の説明変数をもつ 2 群が，次式で表される p 変量正規分布と仮定し導出できる．

$$f_i(x) = \{1 / SQRT\{(2\pi)^p * |\Sigma_i|\}\} * e^{\wedge}[-(x-m_i)' \Sigma_i^{-1}(x-m_i)/2]$$

x　：説明変数の p 次元行ベクトル(p：説明変数の個数)
m_i　：i 群の x の平均行ベクトル($i = 1, 2$)
Σ_i　：i 群の分散共分散行列

2群の分散共分散行列が同じ($\Sigma_1 = \Sigma_2 = \Sigma$)として,次の尤度比$f_1(x)/f_2(x)$の対数をとった関数$f(x)$を考える.

$$\begin{aligned} f(x) &= log[f_1(x)/f_2(x)] \\ &= log[e^{\wedge}\{(m_1-m_2)'\Sigma^{-1}\{x-(m_1+m_2)/2\}\}] \\ &= (m_1-m_2)'\Sigma^{-1}\{x-(m_1+m_2)/2\} \\ &= \{x-(m_1+m_2)/2\}'\Sigma^{-1}(m_1-m_2) \end{aligned}$$

この$f(x)$は,$f(x) = x'\beta + \beta_0$というxの線形関数になっており,これをフィッシャーのLDFと呼ぶことにする.

一方,2群のケース数を$n(=n_1+n_2)$として,データを1群(クラス1)と2群(クラス2)の順に並べ替えて,新しい目的変数yの値として1群に$1/n_1$(あるいは1),2群に$-1/n_2$(あるいは0)を目的変数の値と考える.この時,回帰分析によって得られる回帰係数b_Rは,次のようにLDFの判別係数b_Lと比例関係にある.

$$b_R = (X'X)^{-1}X'y = (X'X)^{-1}(m_1-m_2) \propto b_L = \Sigma^{-1}(m_1-m_2)$$

すなわち,**判別分析は回帰分析の特殊応用例に還元される**.これを利用すると,重回帰分析をしっかり理解しておけば判別分析を別途勉強する負担が減り回帰分析で開発された各手法や統計量を回帰分析ソフトで利用できる.

(2) 2次判別関数

2群の分散共分散行列が等しくない場合は,$f(x)$は次のようなxの2次形式になり,2次判別関数と呼ばれる.

$$\begin{aligned} f(x) &= log[f_1(x)/f_2(x)] = x'(\Sigma_2^{-1}-\Sigma_1^{-1})x/2 + (m_1'\Sigma_1^{-1}-m_2'\Sigma_2^{-1})x \\ &\quad + (m_2'\Sigma_2^{-1}m_2 - m_1'\Sigma_1^{-1}m_1)/2 + c \end{aligned}$$

$$c : log[|\Sigma_2|/|\Sigma_1|]$$

線形判別関数に比べて,2次の係数が$p(p-1)/2$個だけ増える.このため,内部標本での見かけ上の誤分類確率は一般的に良くなるが,外部標本では悪くなる(Overestimate,過大評価)と考えられる.また2群の分散共分散行列が等しい($|\Sigma_1| = |\Sigma_2|$)という帰無仮説に対し,χ^2検定で等分散性が棄却され

れば2次判別関数を採用し，棄却されなければLDFを選ぶことが薦められてきた．本書では，この従来の指針が正しくないことを後述の1.6節で示す．

(3) マハラノビスの距離による最近隣判別

正規分布の式の一部に表れた$D = SQRT((x - m_i)'\ \Sigma_i^{-1}(x - m_i))$をマハラノビスの距離という．ある計測値$x$を代入し，$m_i$からの距離の小さい方に判別する最近隣法による判別で多群判別することも考えられている．しかし，現実には多群判別はあまり行われていないようだ．

また，医学診断における正常群と複数の異常群，品質管理における正常状態と複数の異常状態の判別では，それぞれ別個の2群判別と考えて分析した方がよいだろう．渡辺(1978)も指摘するように，「…その違いは，在来の見方では一つの類は一つの領域に対応しているのに対して，私の見方では一つの類は一つの部分空間に対応しているのです．これは重大な相違です」[4]．私は長い間，彼の主張を判別分析の変数選択法に置き換え，「パターン認識において最適な2群の判別空間(説明変数の組)は異なっている」と考えてきた．

1.1.3　ロジスティック回帰

(1)　定式化

現実のデータはフィッシャーの仮説を満たさないものが多いので，最近では多くの分野で正規分布を仮定しない**ロジスティック回帰**がよく用いられているようだ．

図1.1は，「学生データ」(後述の3.1節参照)の合格(便宜的に70点以上の25名)と不合格(65点以下の15名)の2群を飲酒日数でロジスティック回帰した図である．表1.2は，飲酒日数の値ごとの学生数と不合格率である．図に引かれた曲線は，商品の普及などに用いられるロジスティック曲線を不合格率(飲酒日数が大きくなるにつれ不合格者が増えるので合格率よりわかりやすいと考え，こちらで説明する)にあてはめたものである．そして，ある値のときに不

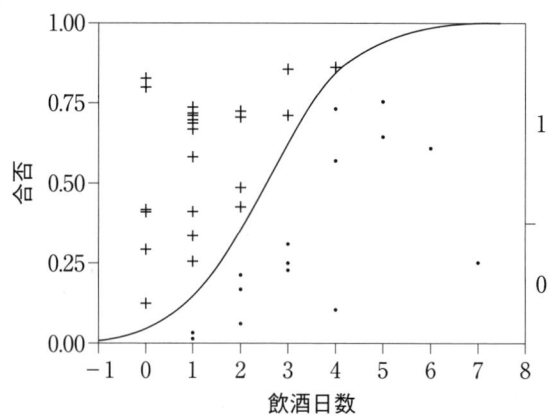

図 1.1 合否を飲酒日数でロジスティック回帰

表 1.2 飲酒日数の値ごとの学生数と合格率

飲酒日数	0	1	2	3	4	5	6	7
合格数	7	11	4	2	1			
不合格者数	0	2	3	3	3	2	1	1
不合格率	0	0.15	0.43	0.6	0.75	1	1	1
推定値	0.048	0.141	0.346	0.631	0.846	0.947	0.983	0.995

合格である確率 P を次のロジスティック曲線で推測している．p_i は y_i(不合格)である確率を意味する．

$$p_i = \Pr(y_i = 0 | x) = \frac{1}{1 + e^{-(a + \beta_1 x_{1,i} + \cdots + \beta_k x_{k,i})}}$$

元々は，賭けごとで使われるオッズ比の対数 $log(p_i/(1-p_i))$ をとったものを，$a + \beta_1 x_{1,i} + \cdots + \beta_p x_{p,i}$ で回帰することから定式化された．

例えば，飲酒日数が 3 日の場合，合格数が 2 人で不合格が 3 人の計 5 名の学生がいる．不合格率は 3/5 = 0.6 である．5 日以上飲んでいる学生は 100%不合格であることを示す．ロジスティック回帰は，この確率に合うロジスティック

曲線を求めていると簡単に理解しておけばよい．

非線形なロジスティック曲線を判別超平面(discriminant hyper-plane)とするので，一般的にはLDFを含む全ての線形判別関数より判別成績が良くなると信じられてきた．しかし第5章に見るように，判別結果は思ったほど良くないことが**100重交差検証法**(100 fold cross-validation)による平均誤分類確率の比較でわかった．

表1.2から，飲酒日数で判別境界点を変えて合否判定を行い，飲酒日数による判定結果を列にとった**表1.3**のような2行2列の**分割表**を作成する．1行目は合格学生25名，2行目は不合格学生15名を表す．これは実際の成績得点で合否判定された**外的基準**である．列は，飲酒日数が多いと勉強時間が少なくなり，不合格になりやすいということを前提に用いる説明変数である．そして，1列目は飲酒日数がc日未満と少なければ合格する確率が高いので，ある日数未満であれば合格とみなし，酒好きの学生の多くは2列目の不合格とみなされる．飲酒日数の情報で外的基準の合否を推測している．

表1.3　合否判定

	c未満	c以上	
合格	TP	FN	25
不合格	FP	TN	15

	$-0.5<$	-0.5以上	
合格	0	25	25
不合格	0	15	15

	$0.5<$	0.5以上	
合格	7	18	25
不合格	0	15	15

	$1.5<$	1.5以上	
合格	18	7	25
不合格	2	13	15

	$2.5<$	2.5以上	
合格	22	3	25
不合格	5	10	15

	$3.5<$	3.5以上	
合格	24	1	25
不合格	8	7	15

	$4.5<$	4.5以上	
合格	25	0	25
不合格	11	4	15

	$5.5<$	5.5以上	
合格	25	0	25
不合格	13	2	15

	$6.5<$	6.5以上	
合格	25	0	25
不合格	14	1	15

	$7.5<$	7.5以上	
合格	25	0	25
不合格	15	0	15

表1.3 の場合，1 行 1 列は，合格群の学生が正しく飲酒日数で合格と判定されるので，TP(True Positive, 真の陽性)という．すなわち，どちらか注目する群の方を医学の用語で陽性群と呼ぶことにする．1 行 2 列は酒好きの合格学生が間違って不合格と判別されるので，FN(False Negative, 偽陰性)という．2 行 1 列は，酒嫌いの不合格の学生が飲酒しないというだけの情報で間違って合格と判別されるので，FP(False Positive, 偽陽性)という．2 行 2 列は，酒好きで本当に不合格の学生が正しく不合格と判定されるので，TN(True Negative, 真の偽陰性)という．判別分析の世界では，偽陽性と偽陰性の和が誤分類数になる．そして，全体の件数で割った値が誤分類確率になる．真の陽性と陰性の和が正答数になる[†]．

一方，ネイマン(J. Neyman)とピアソン(K. Pearson)は偽陽性を第一種の過誤，偽陰性を第二種の過誤と呼んだ．研究分野によって，同じ内容の専門用語が異なるのは困ったことである．

(2) ROC(受診者動作特性)曲線

医学診断では，表1.3 の感度(真の陽性)と特異度(1 − 偽陽性)のペアで診断される．そして，表1.3 で判別の閾値(判別超平面)を変えて図1.2 のようにプロットした曲線を **ROC**(Receiver Operating Characteristic Curve, 受診者動作特性)**曲線**と呼んでいる．これを医学の計量診断に導入したのは医師の L.B.Lusted(野村・中村訳，1976)である[5]．探索的データ分析ソフト JMP では TP と FP を用いている[6]．ROC 曲線より下の面積(AUC: Area Under Curve)は，一つの指標として異なった ROC 曲線の評価に使用される．

[†] 判別分析は，計測値の精度が上がり 100％判別ができれば，判別分析は不要になる．医学診断ではかつては判別分析が重用視されていたが，CT のような医療機器が開発されるにつれ，CT 画像で精度の高い診断が行われていくとすれば出番はなくなる．

1.1 統計的判別分析について

▼ ROC テーブル

X	有意確率	1-特異度	感度	感度-(1-特異度)		真陽性	真陰性	偽陽性	偽陰性
		0.0000	0.0000	0.0000		0	15	0	25
0.000000	0.9516	0.0000	0.2800	0.2800		7	15	0	18
1.000000	0.8591	0.1333	0.7200	0.5867	*	18	13	2	7
2.000000	0.6540	0.3333	0.8800	0.5467		22	10	5	3
3.000000	0.3695	0.5333	0.9600	0.4267		24	7	8	1
4.000000	0.1537	0.7333	1.0000	0.2667		25	4	11	0
5.000000	0.0533	0.8667	1.0000	0.1333		25	2	13	0
6.000000	0.0172	0.9333	1.0000	0.0667		25	1	14	0
7.000000	0.0054	1.0000	1.0000	0.0000		25	0	15	0
7.000000	0.0054	1.0000	1.0000	0.0000		25	0	15	0

▼ 受診者動作特性(ROC)

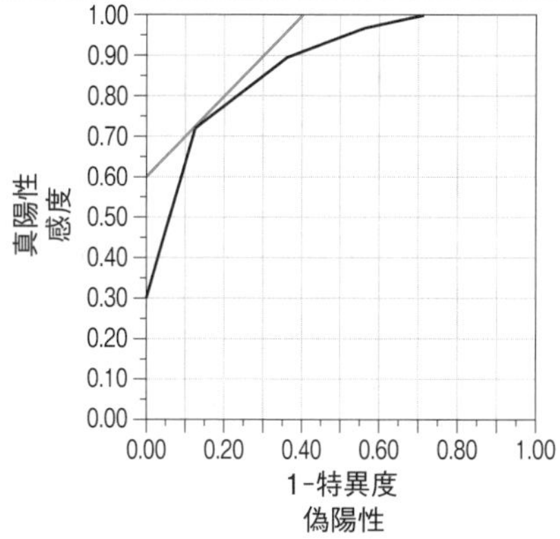

合否='1'を陽性としています．
曲線の下の領域＝0.87333

図 1.2　ROC 曲線

（3）　MNM による判別成績の評価

後述の 1.5 節では，MNM がデータで一意に決まるので，種々の判別関数の誤分類数を MNM で単回帰分析し，評価する方法を新規に提案している．図 1.3 は，種々の判別分析の結果(図が見にくくなるので数量化 II 類だけを破線で示した)と実線の医師診断の診断結果の閾値を変えて ROC 曲線で比較評価したものである．これが統計ソフトの JMP に後年取り入れられたのはうれし

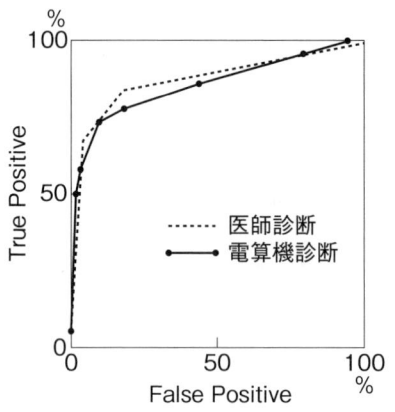

図 1.3 医者と判別関数による診断の比較
(出典) 新村・鈴木・中西(1981)：「胃 X 線像の各種判別分析」,『オペレーションズ・リサーチ』, Vol.26, No.1, 51-60, 1981.

い限りだ．米国などでも，私たちと同じ研究発表が多くあったのだろうか．

1.1.4 介護保険やダイレクトメールに用いられた決定木分析

　推測統計学は，少数の標本データから母集団のデータを集めることなく，母集団の特徴を推測できる．しかし，近年は POS データやインターネット，あるいは企業においてデータベースに大量の営業データが蓄積されてきた．あるいは遺伝子情報など，計測器から大規模なデータが得られるようになった．このような大規模データから手早く情報を発見するために，データマイニング手法が提案された．

　決定木分析(JMP ではパーティション[10])は，その代表手法である．目的変数が連続尺度の場合を回帰木(実際は分散分析なので分散木というべき)という．一方，目的変数が順序尺度か名義尺度の場合，分類木といっている．データ全体を説明変数の値で 2 群に分割することを繰り返し，n 回の分岐で$(n+1)$個に分割される．これを最終ノード(葉)と呼んでいるが，目的関数が名義尺

度の場合は多群判別の手法として利用できる．
　どこで分岐を停止するかの停止則は，大規模データの場合，豊田他(1992)が提案している[7]．しかし，小規模なデータでは，新村秀樹・新村秀一(2002, 2003)が次の方法を提案している[8], [9]．回帰木は，一元配置の分散分析で得られた子ノードの群間の平均値に差があるか否かを多重比較で検定する．一部の群間に差がなければ子ノードの分岐を減らすようにすればよい．分類木の場合は，クロス集計の独立性の検定を行えばよい．ちなみにフィッシャーは実験計画と分散分析にも先鞭をつけた．
　パーティション(決定木分析)を他の手法と同じく本書で用いているデータで分析して比較したが，判別結果が良くないので紙面の都合もあり割愛する．

1.2　判別分析で考慮すべき点

　判別分析を行うに際して考慮すべき問題点はいろいろあるが，本書では内部標本(判別関数の作成に用いた「教師データ」)と外部標本(判別関数の作成に用いていない「評価データ」)の関係，事前確率とリスクの扱い，判別関数の定数項の関係，変数選択法の4点に関して検討する．

1.2.1　内部標本と外部標本の関係

（1）　内部標本と外部標本

　筆者が統計を勉強した40年前，判別関数を求めるために利用するデータを内部標本(Internal Sample)といった．そして内部標本で良い判別結果が得られたかどうかを検討することをInternal Checkといった．他の分野では，「教師データ」あるいは「訓練データ」による評価といっている．この後，分析に用いていない外部標本(External Sample)で評価(External Check)する必要がある．他の分野では，評価データによる評価といっている．
　「教師データ」で判別成績が良くても「評価データ」で悪い結果が得られる

場合，内部標本による判別結果は誤分類確率を**過大評価**(内部標本で誤分類確率を低く評価し，外部標本では誤分類確率が高くなる場合)するといい，SVMでは**汎化能力**(Generalization Ability)が悪いといっている．一般的には，「教師データ」のケース数が少なく，説明変数が多い場合に起きる(Miyake & Shinmura, 1976)[11]．また，「教師データ」が母集団から偏ってサンプリングされた場合にも起きる．結局，母集団がわかっていないので，「評価データ」はそれに代わって教師データで求めた判別関数を評価するために用いる標本と考えるべきであろう．

　手元にある標本のケース数が多い場合は2分割し，一つを内部標本，残りを外部標本に用いればよい．しかし，ケース数が少ない場合，2分割することは難しい．そこで，ケース数がnの場合，1個を取り出し外部標本とし，残り($n-1$)個を内部標本と考える．これによってn組の評価が行える．これを「一つとっておき法(leave one out)」とか「Jack Knife法」といっているが，極端な外れ値があるような場合以外では問題がないという無難な結論になることが多い．このため論文を書くには適しているが，その結果を信用して現実の問題に適用すると，問題が生じる可能性が高い．

　最近では，企業のDBMS(データベース管理システム)に顧客情報，営業情報などが大量に蓄積されるようになった．このような大規模データを主として統計分析する方法論をデータマイニング(データから有益な情報(金鉱脈)を発見する統計手法)という．そして，パーティション(決定木分析)はその代表的な手法である．良いモデルの決定法として，大規模標本を3分割し，一つを「教師データ」とし，2番目の標本でモデルを選択する．そして3番目の標本で評価するというようなことも提案されている．

　しかし一般の統計解析では，数百件程度のケースの分析が多い．このような小標本の場合，選んだモデルの評価をどのようにすればよいか試行錯誤してきた．筆者がようやくたどり着いた結論(田中豊岡山大学・南山大学元教授のアドバイスを受けた)は，実データから一様乱数を用いた復元抽出で，ケース数の同じBootstrap標本を100組生成し，それで100重交差検証法を行うのが

良いと考える(後述の 5.2 節参照).1 個の Bootstrap 標本を「教師データ」とし,残り 99 個の Bootstrap 標本をまとめて「評価データ」に用いる.これによって,100 組の「教師データ」と「評価データ」による検証が行え,求まった 100 個の統計量から誤分類確率の平均値や判別係数の信頼区間も計算できる(「はじめに」の図の(Ⅲ)参照).本書の見どころは,最適線形判別関数が既存の判別手法に比べて優れていることを,説明変数の異なる 135 組の異なった判別関数のモデル(問題)で実証研究した点である(後述の 5.2 章参照).

判別分析では,回帰分析のように誤分類数と判別係数の信頼区間がないという重要な点が指摘されてこなかった.100 重交差検証法によって,これまで推測統計学と無縁であった判別分析もやっと救われる.

(2) 母マハラノビスの距離と標本マハラノビスの距離

各群が多次元正規分布であると仮定すると,各ケースは各群の重心からのマハラノビスの距離の大小で,どの群に属するかが決定される.このとき,2 群の母マハラノビスの距離 δ と標本マハラノビスの距離 D との関係は,次のように要約される(Miyake & Shinmura, 1976)[11].「標本マハラノビスの距離は,標本数が少ないほど,あるいは説明変数が多いほど,母マハラノビスの距離より大きくなる確率が高くなる」.すなわち,少ないデータや,多くの説明変数を用いて判別分析を行うと,標本誤分類確率 $\Phi(-SQRT(D^2)/2)$ は母誤分類確率 $\Phi(-SQRT(\delta^2)/2)$ より小さくなる確率が高くなる.ただし,Φ は規準正規分布関数である.

そこで,判別結果が過大評価されない良いモデルを作成するためには,モデル構築に用いる質の高いデータをできるだけ多く集めるか,説明変数は少ない方がよいという「ケチの原理(オッカムの剃刀)」に従う必要がある.このため,回帰分析では変数を少なくするために逐次変数選択法などの手法が提案されている.

(3) まとめ

母集団と標本の関係は，母集団がわからないので実際に解明できない．そこで外部標本による External Check や，Jack knife 法による代替案が用いられる．External Check は，モデル構築に用いた判別関数を，モデル構築に用いない標本(外部標本)に適用して評価することである．すなわち，母集団と標本の関係は，「少ないデータや，多くの説明変数を用いて得られた判別関数は，外部標本に適用すると一般的に悪くなる」と読み替えることができる．すなわち，内部標本で誤分類確率が低くても，外部標本の誤分類確率が高くなれば，その判別関数を現実に適用してはいけない．この点から，同じデータに対してLDF と 2 次判別関数を適用しても，後者は推定するパラメータ数が増えるので，「教師データ」で見かけの誤分類確率が良くても，評価データでは悪くなると考えられる．

一方，内部標本の誤分類数を最小化する基準で導出される **MNM 基準**による最適線形判別関数は，過度に内部標本に適合し，外部標本の誤分類確率は悪くなるという危惧があった．しかし，12 年かけてやっと 100 組の **Bootstrap 標本**[†]を用いた 100 重交差検証法で LDF やロジスティック回帰と比較した結果，「教師データ」と「評価データ」の両方で最適線形判別関数の平均誤分類確率が最大で 8.61% 小さいことが確認できた．**この好成績は，データが正規性から乖離するほど，あるいは MNM ＝ 0 であったり多重共線性があったりする場合に特に顕著であることがわかった．**

1.2.2 事前確率とリスク

（1） 尤度比

LDF では，**尤度比**が 1 すなわち 2 群の確率密度が等しい点を判別境界点に

[†] 本書で使う Bootstrap 標本は，Efron が提案したものと異なり，一様乱数による復元抽出で実データをあたかも疑似母集団とみなしてケース数の等しい標本を何組も作り出すことを意味している．

して判別している．これを，尤度比方式による判別という．この場合$f(x) = 0$は，p次元のデータ空間を2分する判別超平面になる．そして，データxを代入して$f(x) > 0$であればG1群（あるいはG2群）と判別し，$f(x) < 0$であればG2群（あるいはG1群）と判別することになる．**$f(x) = 0$は判定不能**で，この対応が驚くことに判別分析の世界では未解決のままであったが，本書で氷解する．

（2） 事前確率とリスク

しかし，2群の母集団の標本数が異なる場合，その違いを事前確率π_1, π_2で表し，尤度比として$(\pi_1 f_1)/(\pi_2 f_2)$を考える．この場合，判別境界点は0の代わりに，$log(\pi_2/\pi_1)$になる．さらに，医療診断で正常群と疾病群（企業診断では優良企業と倒産企業と読み替える）を考えた場合，疾病群の事前確率が少なくても誤分類されることによるリスクは正常群より大きく考える必要がある．この場合，リスクをr_1, r_2とすると，尤度比は$(r_1\pi_1 f_1)/(r_2\pi_2 f_2)$になる．結局のところ，事前確率やリスクを考えた場合の判別境界は0でなく，$log\ \{(r_2\pi_2)/(r_1\pi_1)\}$になる（新村・鈴木・中西，1983）[12]．

以上の通り，事前確率とリスクは現実問題においては重要であるが，その値を決定することは難しい面もある．また，判別分析の評価のために種々の統計量が提案されているが，医学や企業などの応用分野ではわかりやすい誤分類数（誤分類確率）がよく用いられている．しかしすでに述べた通り，事前確率とリスクの違いで誤分類数が異なるという問題点があり，誤分類確率は統計の理論家に軽んじられてきた風潮がある（森村・牧野他，1984）[13]．

（3） ROC曲線と新しい評価法

そこで，表1.3で行ったように判別得点を何段階かで変えて，それを判別境界とすることで種々の$log\ \{(r_2\pi_2)/(r_1\pi_1)\}$に対応することにする．そして，2群のTP(True Positive)とFP(False Positive)を$x-y$平面にプロットしたROC曲線を描いて，各種判別結果の優劣の比較評価を行うことが考えられる．

例えば，新村・鈴木・中西(1981)では，胃X線像のデータを各種判別分析(枝分かれ法，数量化II類，ベイズ診断，ロジスティック回帰，主成分分析，判別分析)で分析した結果と医師診断の結果をROC曲線で比較している[14]．また，664例の乳がんのデータを，各種手法で診断した結果の評価でもROC曲線を用いている(Shinmura S, Suzuki T, Koyama H. & Nakanishi K., 1983)[15]．

本書ではMNMで他の判別関数の誤分類数を評価することを紹介する．これで従来評価の難しかった異なった判別手法の優劣を定量化できる(後述の図1.12参照)．

1.2.3 変数選択

(1) 回帰分析における逐次変数選択法

回帰分析の変数選択法として，逐次変数選択法すなわち**変数増加法**(Forward Selection)，**変数減少法**(Backward Elimination)，変数増減法(Stepwise Forward)，変数減増法(Stepwise Backward)が一般的である．

これらの手法は，現在のモデルを基準にして，1個の変数を付け加えるか削除したモデルを，**逐次F検定**で比較する点に特徴がある．これは$(2^p - 1)$個のモデルの中で2個のモデルを取りあげて検討しているだけであり，いわば数理計画法で考えると**局所解(部分最適解)**を探索していることになる．

筆者は逐次F検定で変数選択を停止することなく，1変数からフルモデルまで求めることに意味があると考えている．これで1変数からフルモデルまでのデータの全体像がわかる．

(2) 全ての変数の組合せ法(総当り法)

説明変数がp個ある場合，総当たり法で$(2^p - 1)$個の説明変数の全ての組合せモデルを検討できる．$p = 10$で1,023個，$p = 20$で約100万個のモデルになる．

Draper N. 他(1968)は，「全ての変数の組合せ法は，現在馬鹿げたことと考

えられているが，コンピュータの発展と共に評価されるであろう」と述べている[16]．さすがに重回帰分析の最高峰のテキストの著者の慧眼には脱帽である．

「JMP」を用いれば，PCでも $p = 20$ 程度のモデルは問題なく処理できるようになった[17]．

（3） 基本系列

本書では，逐次変数増加法で打ち切り基準を用いることなく1変数からフルモデルまで求めたモデル系列（上昇基本系列）と，逐次変数減少法で得られるモデル系列（下降基本系列）の利用を提案する．基本系列上で誤分類数を比較することで，LDFや2次判別関数の問題点が明らかになった．

（4） 判別分析における変数選択

最近の統計ソフトには，判別分析でも逐次変数選択法が含まれているが，重回帰分析に比べて変数選択に関する道具や知識が少ないように思われる．そこで，2群判別に限定すれば，LDFは回帰分析として形式的に扱えるので，(1)から(3)で述べた回帰分析の成果を利用することにする．

また，逐次 F 検定のほか，AIC最小モデルあるいは Cp 統計量で $|Cp - (p+1)|$ が上昇基本系列で最初に極小値になったモデルを選ぶことにする．

（5） 新しい変数選択法

以上が2008年度まで考えていた変数選択法の考え方である．2009年度以降は100重交差検証法を行い，「評価データ」の平均誤分類確率最小モデルを選んだほうが良いと考えている．

1.3 数理計画法による判別分析

1.3.1 数理計画法とは

　数理計画法は，分析対象を数式として定義し，その定義域(制約条件)の範囲内で評価関数(目的関数)の最大値／最小値を求める学問である[18]．要するに定義域ありの場合の関数の最大／最小問題を扱うため，数式で表される全ての分野が対象になる．もちろん，定義域に制限のない場合の関数の最大値／最小値問題も扱える．

　目的関数が線形式で，定義域が線形式あるいは線形不等式で表される場合を**線形計画法**(Linear Programming, **LP**)という．高校数学で習う「領域の最大／最小問題」が基本的なアルゴリズムである．実際には，最急降下法の一種である単体法(Simplex Method)と呼ばれる解法や，最近では数学特許で物議をかもした内点法が開発されている．他の数理計画法の解法に比べて，計算速度が速いので最も利用されている．

　LP における変数が 0/1 の整数か非負の一般整数の場合が，**整数計画法**(Integer Programming, **IP**)である．組合せの爆発が起こり，計算時間がかかり，長年実際問題への適用が難しかった．2000 年前後から実用問題に適用可能になり，整数変数を含む非線形最適化も可能になった．

　目的関数が 2 次関数に置き換わると，**2 次計画法**(Quadratic Programming, **QP**)という．アルゴリズムとしては，制約条件の満たす領域が凸領域であれば，LP 解法に置き換えられるので，比較的容易である．最近では，非凸領域でも対応可能になった．統計では，回帰分析の最小自乗法に利用できる．

　目的関数あるいは定義域が非線形の場合が，**非線形計画法**(Non Linear Programming, **NLP**)である．非凸領域で局所解(極大値／極小値)でなく最大値／最小値(大域的な最適解)が求まるようになったのは，2000 年以降のことである．これによって，数理計画法ソフトはようやくどのような問題にも対処できるようになった．

数学では微分が重要な位置を占めている．しかし，現実の社会で必要とするのは局所解ではなく，利益の最大化や費用やプロジェクトの完成日数の最小化である．高校生の多くが数学を嫌いになる理由の一つに，数学が将来何の役に立つかがわからないということがある．この意味で，高校数学に数理計画法を取り入れるべきではなかろうか．

1.3.2 数理計画法の回帰分析への応用

数理計画法の回帰分析への応用として，重回帰分析の最小自乗法が2次計画法で，誤差の絶対値の和を最小化するLAV(Least Absolute Value)回帰分析が線形計画法で定式化できることは古くから指摘されている(Schrage, 1981)[19]．さらに一般化して，非線形計画法でL_pノルムの回帰分析を扱うこともできる．

p個の説明変数とn個のデータをもつ，次の重回帰モデルを考える．

$$y = a_0 + a_1 x_1 + \cdots + a_p x_p + e$$

x_{ij}を変数x_iのj番目のデータ，y_jをj番目の目的変数の値，e_jをj番目の誤差とする．重回帰分析は，誤差e_jの平方和を最小化する最小自乗法で回帰係数$(a_0, a_1, \cdots, a_p)$が求められる．これを数理計画法のモデルで記述すると次のようになる．目的関数は，誤差の平方和というn個の変数e_jの2次関数の最小化である．その後にn個の制約式を与え，この共通集合が定義域になる．

$$MIN = e_1^2 + e_2^2 + \cdots + e_n^2$$

$$a_0 + x_{1j} a_1 + \cdots + x_{pj} a_p + e_j = y_j \quad (ただし，j = 1, \cdots, n)$$

ここで，未知の回帰係数$(a_0, a_1, \cdots, a_p)$とn個の誤差e_jは，数理計画法では決定変数(Decision Variable)と呼ばれる変数になる．誤差の平方和を最小化する決定変数の値が最適解になる．p個の変数$(x_1, \cdots, x_p)$のn個の値$(x_{1i}, \cdots, x_{pi})$は，数理計画法モデルでは変数ではなく係数になる点に注意する必要がある．制約式が線形で，目的関数が2次のものを，2次計画法という．すなわち，最小自乗法は2次計画法で記述できる．

L_pノルムによる回帰分析は，前のモデルの目的関数をΣe_j^pに変更してこれ

を最小化すればよく,非線形計画法(NLP)で定式化できる.

一方,誤差の絶対値の和($\Sigma\ |\ e_j\ |$)を最小化基準にしたものが,LAV回帰分析とか,LAD(Least Absolute Deviation)回帰分析と呼ばれている.e_jを2つの非負である決定変数の差($e_j = u_j - v_j$)とすることで,$|\ e_j\ |$は$u_j + v_j$に置き換わる.すなわち,次のようなLPモデルで定式化できる.

$$MIN \quad u_1+v_1+\cdots+u_n+v_n$$
$$a_0+x_{1j}a_1+\cdots+x_{pj}a_p+u_j-v_j=y_j \quad (ただし,j=1,\cdots,n)$$

さらに,観測値の誤差の最大値を最小化するモデルも,次のように定式化できる.決定変数Zを用いて,各観測誤差の絶対値をZで押さえて,それを最小化すればよい[19].

$$MIN \quad Z$$
$$a_0+x_{1j}a_1+\cdots+x_{pj}a_p+u_j-v_j=y_j \quad (ただし,j=1,\cdots,n)$$
$$Z-u_j-v_j >= 0$$

しかし,最小自乗法よる回帰分析を,わざわざ2次計画法で行うことは,操作性や計算時間の点からも得策ではない.これに対して,LPを用いて誤差の絶対値の和を最小にするLAV回帰分析は,すでにSASなどの商用統計ソフトにも提供されている(Sall, 1981)[17].

以上のように,数理計画法はモデルの定式化が自由自在であり,出力結果の理解は統計理論より単純明快である.しかし,数理計画法ソフトの開発は統計ソフトに比べ数値計算上の難しい問題があった.2000年以降,数理計画法の種々の問題点が解決され,ようやくほほどのような最大/最小問題も解けるようになった[20].

1.3.3 線形判別関数の定式化

グローバー(Glover, 1990)は,1970年代以降LPで行われてきた線形判別関数の研究を総括し,次のLPモデルで判別関数を定式化している[21].

$$MIN \quad h_0u_0+\Sigma h_iu_i-k_0v_0-\Sigma k_iv_i$$

$$a_0 + x_{1j}a_1 + \cdots + x_{pj}a_p + u_0 + u_j - v_0 - v_j = b \quad (ただし, \ j=1, \cdots, n)$$

すなわち，u_j は誤分類されたデータの判別境界点からの距離である．u_0 はデータ全体の平均である．一方，v_j は正しく分類されたデータの判別境界点からの距離である．v_0 はデータ全体の平均である．目的関数は，これらの距離に重みを掛けて，誤分類された距離の和から正しく分類された距離の和を引いて，最小化することを提案している．これにより，誤分類された距離の和を最小化し，正しく分類されたデータの距離の和を最大化するという，多目的最適化を LP で定式化したことになる．

第2章で解説する LP-OLDF は，$h_0 = h_i = 1$，$k_0 = k_i = 0$ にしたグローバーモデルの特殊例になる．このように数理計画法を用いれば，個別データ毎に重み u_j と v_j を与え多様なモデルを定義できるが，それが現実応用上どのような意味をもつのか，またすでにある判別手法に比べどれだけ判別成績が優れているかの考察が行われていない．これはグローバーに限らず，数理計画法における判別分析研究の大きな問題点である．

1.3.4　間違った MNM 基準による定式化

整数計画法による判別分析は整数計画法ソフトで扱える整数変数の数が小さかったこと，また計算時間がかかるため，その研究は少ない．その中にあって，Liittschwage & Wang(1978) は，次のモデルを提案している[22]．

$$\text{MIN} \quad f_1 g_1 M^{-1} \Sigma_{(i=1,\cdots,M)} P_i + f_2 g_2 N^{-1} \Sigma_{(j=1,\cdots,N)} Q_j \tag{1.1}$$

$$a_1 x_{i1} + a_2 x_{i2} + \cdots + a_k x_{ik} \leq b + CP_i, \ i=1, 2, \cdots, M \tag{1.2}$$

$$a_1 y_{j1} + a_2 y_{j2} + \cdots + a_k y_{jk} \geq b - CQ_j, \ j=1, 2, \cdots, N \tag{1.3}$$

$$-1 + 2D_r \leq a_r \leq 1 - 2E_r, \ r=1, 2, \cdots, k \tag{1.4}$$

$$\Sigma_{(r=1,\cdots,k)} D_r + \Sigma_{(r=1,\cdots,k)} E_r = 1 \tag{1.5}$$

ただし，

　　f_1, f_2：リスク．

　　g_1, g_2：事前確率．

M, N：各クラスのケース数.
P_i, Q_j：e_i に対応する 0/1 整数変数.
b：判別境界.
D_r, E_r：0/1 整数変数.

　伝統ある『EJOR』(European Journal of Operations Research)誌に MNM 基準による IP-OLDF と IPLP-OLDF(IP-OLDF の高速アルゴリズム)に関する論文を筆者が投稿した際，2004 年 10 月 21 日付けのレフリーコメントとして，IP-OLDF の先行研究としてこのモデルがあることを指摘された．そして，IP-OLDF を高速化する IPLP-OLDF にだけ新規性があるので書き直すようにアドバイスされた．筆者は，このモデルは一見 MNM 基準で定式化しているが，「銀行データ」(後述の 2.5 節参照)で間違った誤分類数を導くことを指摘した(新村，2007)[23]．そして，IP-OLDF の計算時間を速くする代替案の IPLP-OLDF に IP-OLDF 以上の重要性を認められない旨の回答を行った．それに対し，厳しい回答が来たので筆者はリジェクトされたものと勘違いしていたが，2007 年末に『EJOR』誌の編集長の Jacques Teghem 教授から編集長を代わるが私の論文を取り下げるのかというメールが入った．筆者は，2004 年にリジェクトされたものと考えていると回答したところ，リジェクトはしていないということである．とんだ思い込み違いであったようだ．しかし，彼の在任期間に間に合わないので結局は取り下げることにした．

　このモデルは，実際のモデルとして検証すればすぐにわかる，いくつかの定式化の誤りをしている.

① 判別関数の定数項がない．ただし，判別境界を 0 の変わりに自由変数 b としていて，これが実質定数項の代替をする．

② 制約式 (1.4) と (1.5) で判別係数の一つを 1 か -1 に固定し，それ以外の係数を区間 $[-1, 1]$ に制限している．本来は，恣意的に最初の変数の判別係数を 1 に固定し，他の判別係数に制約を課さないようなモデルにすべきである．

この定式化の誤りは，実際に整数計画法の問題を分析した経験がないためで

あろう．このため，整数計画法の探索領域を狭くしていて真の最適解が得られない．また実際に計算してみると，判別超平面上に多くのケースを集め，誤分類数を正しくカウントできない．

1.3.5　MNM基準による判別分析の考え方

（1）　p次元データ空間における判別

Liittschwage & Wang モデルと異なり，定数項を1に規準化した次の線形判別関数を考える．

$$f(x) = bx' + 1$$

G1群に属するケース x_i が，$f(x_i) > 0$ ならば正しく判別され（あるいは誤分類され），$f(x_i) < 0$ ならば誤分類され（正しく判別され）たとする．G2群に属するケース x_i では，$f(x_i) < 0$ ならば正しく判別（あるいは誤分類）され，$f(x_i) > 0$ ならば誤分類（正しく判別）されたとする．しかし，G2群の不等式の両辺に「−」をかけると，$-f(x_i) > 0$ ならば正しく判別され，$-f(x_i) < 0$ ならば誤分類されることになる．こうすることで，不等号の向きをG1群の場合と同じに統一できる．このような統一された表記法で判別得点が負になるものを数え上げれば，内部標本の誤分類数になる．

（2）　判別係数の空間における判別

次に，個々のケース x_i の値を係数とする線形式 $H_i(x_i a' + 1 = 0)$ を考える．G1群に属するケース x_i が $x_i a' + 1 > 0$ になる半平面を「線形式 H_i の+半平面」とし，$x_i a' + 1 < 0$ になる半平面を「線形式 H_i の−半平面」とする．線形式 H_i の+半平面に含まれる係数を a_1 とすれば「$x_i a_1' + 1 = a_1 x_i' + 1 > 0$」なので，ケース x_i は判別関数 $f(x_i) = a_1 x_i' + 1$ で正しく判別され，−半平面の係数 a_2 であれば「$x_i a_2' + 1 = a_2 x_i' + 1 < 0$」なので，ケース x_i は判別関数 $f(x_i) = a_2 x_i' + 1$ で誤分類されることになる．G2群のケース x_i は両辺に−をかけたので，$-x_i a' - 1 > 0$ を+半平面とし，$-x_i a' - 1 < 0$ を−半平面と

することで，G1群と同じ不等号の向きになる．

判別係数の空間は，このようにしてn個のケースx_iで作られるH_iで有限個の凸体に分割される．この凸体の内部の点で，全ての線形式H_iの＋半平面に含まれる個数を数え上げる．それは，その凸体の内部の点を判別係数とする判別関数で正しく判別された個数になる．一方，－半平面に含まれる個数を数え上げれば誤分類数になる．このようにして，「p次元判別係数の空間は，H_iによって有限個の凸体に分割され，凸体の内部の点（判別係数）は，同じ誤分類数（あるいは正しく判別された数）をもつ」ことになる．そして，「凸体の内点を選べばデータ空間で判別超平面上にケースがくることはなくなる」．

この単純な結論が，判別分析では未解決のまま放置されてきたわけである．

1.4　問題だらけの判別分析

実は，判別分析は一筋縄でいかない難しい点があり，以下に示す通り，問題だらけである．

（1）　判別超平面上のケースの扱い

筆者は，大学を卒業した1971年から，大阪府立成人病センターで野村裕循環器医長の指導のもとで，4年間心電図の自動解析システムの診断論理を多変量解析で研究することを社会人の出発点とした．その当時の判別分析の解説書や論文には，判別超平面上（判別得点が0）のケースは，いずれに判別するかは「判定不能」と明記してあった．しかし，近年このことが忘れられ，無視されている．例えば，本書で用いている「銀行データ」の収集者は判別分析の代表的な解説書を書いているが，説明なく群2に判別すると書いている（Flury & Rieduyl, 1988)[24]．

この問題が解決できない限り，正しい誤分類数の計測ができず，判別分析そのものの根本にかかわる問題であるという認識が薄いようだ．

また，統計ソフトも誤分類数を出力するが，判別得点が0になる個数も表

示する必要がある．もし判別得点が0になるものが$k(>0)$個あれば，誤分類数はk個増える可能性がある．これをどう判定するか，方針を明記すべきである．判別係数を少し変えることで判別得点が0になるものをなくすことができるが，誤分類数を一番少なくする修正は意外と手間がかかる．**本書では，改定 IP-OLDF と改定 IPLP-OLDF 以外の誤分類数は，判別得点が0の修正を行なっていない．**

（2） 正規性からの乖離

現実のデータを分析している多くの人は，現実のデータはフィッシャーの前提を満たすものが少ないことを薄々わかっている．これを「**正規性からの乖離**」と呼んできた．しかし，現実のデータが正規分布から乖離していることが事実であるのに，フィッシャーの前提に軸足を置いて正規性からの乖離を問題にしているとすればおかしな話である．現実に目をつむり，母集団を盲目的に多次元正規分布とでも信じているのであろうか．それとも正規性の乖離がある水準以上であれば LDF による結果が信頼できないので，LDF を用いないという方向を目指しているのであろうか．現状は単なる言い訳の常套手段に利用するだけで，後者のアプローチを取ってこなかった．

実際にできることは，データ固有の MNM から LDF やロジスティック回帰の誤分類数がどれだけ乖離しているかで，扱うデータがフィッシャーの仮説を満たしていているか否かがおおよそわかるだけである．

正規性からの乖離といった場合の，想定する多次元正規分布は，「はじめに」の図の（Ⅰ）のようにデータから計算された分散共分散行列で規定された多次元正規分布しか考えられない．実際に実データの2群間の平均ベクトルと分散共分散行列を計算し，それに基づいて多次元正規乱数を生成した研究を一時期行った．そして，実データを「教師データ」とし，乱数データを「評価データ」とした場合，後者の方の判別成績が良い例が多いことを確認した．結果は当然のことであり，「評価データ」は母集団と考えた多次元正規分布から忠実にサンプリングされた正規乱数であり，実データ（「教師データ」）は単に母集団と分

散共分散が同じであるが，正規性から乖離しているためである．

（3） 信頼区間

統計学が正規分布などを仮定するのは，それによって調べていない母集団の信頼区間が推測できるという利点があるからである．しかし，フィッシャーの仮説に軸足を置いているにもかかわらず，LDFでは誤分類確率や判別係数の信頼区間がわかっていない．それであれば無理をして，判別分析で正規分布を仮定する理由が見当たらない．

しかし，正規分布を仮定しなくても，100個のBootstrap標本を作成して100重交差検証法を行えば，100組の「教師データ」と「評価データ」から誤分類数(誤分類確率)の平均値，あるいは判別係数のBootstrap信頼区間(単に100個のBootstrap標本から計算された標本統計量のパーセント点から信頼区間を計算している)がわかる．第5章で解説するように，この信頼区間から実にわかりやすい情報が得られた．

（4） 線形分離可能なデータ

「銀行データ」は，2変数($X4$, $X6$)で**線形分離可能**(MNM = 0)なことがわかった(後述の2.5節参照)．**MNMの単調減少性**(後述の2.4節参照)から，この2変数を含む全てのモデルが線形分離可能になる．しかし，逐次変数選択法とAIC基準は5変数モデル，Cp統計量は6変数モデルを選ぶ．線形分離可能でない「アイリスデータ」と「CPDデータ」で2群間の平均値間の距離を拡大し，線形分離可能なデータに変換して，同じ結果が得られることを確認した．すなわち，「**統計的判別手法は線形分離可能なデータを一般に認識できず，統計的な変数選択法は間違ったより高次のモデルを選ぶ傾向**」がある．

次の1.5節で，本書で用いている4種類の実データのうち，研究の初期で用いた「アイリスデータ」と「CPDデータ」，「2変数の正規乱数データ」の分析結果を説明する．なお，「銀行データ」は第2章で，「学生データ」は第3章で紹介する．

1.5 アイリスデータ(フィッシャーの仮説を満たす)

1.5.1 概　　略

(1) アイリスデータとは

「アイリスデータ」は，判別分析の検証データとして，LDFと相まって有名である．フィッシャー(1936)がLDFの評価に用いたのでフィッシャーのアイリスデータといわれることが多いが，エドガー(Edgar, 1935)がこのデータを集めた[25], [26]．セトサ(Setosa)，バーシクル(Versicolor)，バージニカ(Virginica)といった3種類のアヤメの各50件に関して，$X1$(がく片)，$X2$(がく片幅)，$X3$(花びら)，$X4$(花びら幅)といった4個の計測値である．

このデータの見どころは，散布図を検討しないで150件全体を相関係数の値だけで判断すると，とんでもない間違いを犯す点である．すなわち，全体で正や負の相関があっても，3群で層別すると無相関であったり，負の相関になったりする点である．この理由は，セトサが他のバーシクルとバージニカと線形分離可能なことが原因である．

説明変数が4個と少ないので，本当は判別分析の検証データに適しているとはいえない．しかし，このデータは比較的フィッシャーの仮説を満たしていると考えられる点と，統計ユーザーに最も知られている利点がある．すなわち，研究に用いても詳しく説明する必要がないという利点がある．

筆者は，このデータを用いてStatisticaで分析した解説書を書いている(新村，1997)[27]．この解説書には，Statisticaの評価版とデータを添付したCDを付けた．**統計や数理計画法や数学などの理数系の学問の習得は，使いやすいソフトの助けを借りて独学できるような環境を自分で作るのが一番良い**．この点で，一流の商用ソフトの評価版を解説書に添付するという流れを作るのに貢献できたと考えている．ただし，書籍に添付するとMicroSoftのOSの度重なるバージョンアップで使えなくなる点が問題である．それを知らないで中古書を買った人から稀にクレームがくる†．その場合は，開発元のHPから評価版を

ダウンロードすればよい.

今のところ,統計ソフトの JMP(新村,2004)[6] と数理計画法ソフトの LINGO(新村,2007)[18],数学ソフトの Speakeasy(新村,1999)[28] も評価版を書籍に付けているが,OS のバージョンアップに振り回されず稼働している.

(2) 線形分離可能

3 群判別を行った表 1.4 からわかるように,セトサは他の 2 群と線形分離可能(MNM = 0)である.そこで,判別分析ではバーシクルとバージニカの 2 群判別に限定して考えることが一般的である.このため筆者を含めて多くの統計研究者は,線形分離可能なデータは最初にグラフなどでわかるので,問題になるとは考えてこなかった風潮がある.このためか,統計的判別関数は,一般的には**「線形分離可能なデータを認識できない」**という深刻な問題を見逃してきていた.

筆者は 2009 年度までは残念ながら 3 変数以上で線形分離可能なデータを持ち合わせていなかった.成蹊大学の経済学部では,2010 年度から新入生全員が統計入門を習得することになった.そして 125 名の 1 クラスを担当することになったので,中間と期末試験を 10 択の選択肢から正解をひとつ選ぶ 100 問のマークシート試験を行った.これで 0/1 の 100 個の説明変数をもつ合否判定の線形分離可能なデータが手に入った.本書で用いた 4 種の実データ以上に,

表 1.4 3 群判別の判別結果

	Setosa と判別	Versicolor と判別	Virginica と判別
Setosa	50	0	0
Versicolor	0	48	2
Virginica	0	1	49

† MS の OS のバージョンアップで今まで使っていたソフトが使えなくなることがたびたび起きる.このようなことは,アプリケーションの開発企業やユーザーの信を失うだけである.

LDF, 2次判別関数, ロジスティック回帰にそれぞれ問題が発見された.「判別分析にとって, 線形分離可能なデータには魔物がいるようだ」.

(3) フィッシャーの前提は正しいか

図 1.4 は, 2 変数 $(X1, X2)$ の散布図を, バーシクルを△印で, バージニカを点で表し, 95%と50%の確率楕円を描いたものである. LDF は後述の表 5.9 の Model11 に示す通り 4.26%, ロジスティック回帰は 3.98%だけ, 改定 IPLP-OLDF より平均誤分類確率が悪い. 視覚的な判断では, 2群の分散共分散に大きな違いがないようであるが, 誤分類確率が大きいと LDF とロジスティック回帰の判別超平面の少しの違いで改定 IPLP-OLDF より悪くなるようだ. 改定 IPLP-OLDF は MNM の近似値を求めているだけで, 改定 IP-OLDF と比較すれば, 平均誤分類確率の差はさらに大きくなる可能性がある.

図 1.5 は, 2 変数 $(X3, X4)$ の散布図である. 視覚的な判断では, 明らかに分散共分散行列が異なっていることがわかる. 表 5.9 から LDF は 3.25%, ロジスティック回帰は 2.19%だけ, 改定 IPLP-OLDF より平均誤分類確率が悪い. 図 1.4 と比べ誤分類確率が小さいので, 改定 IPLP-OLDF との差が小さくなったようだ.

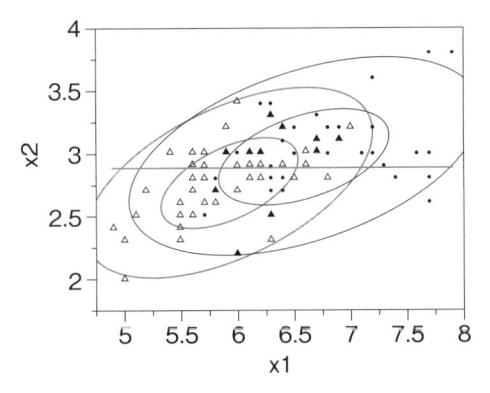

図 1.4 Model11 の散布図 (LDF=4.26, Logi=3.98)

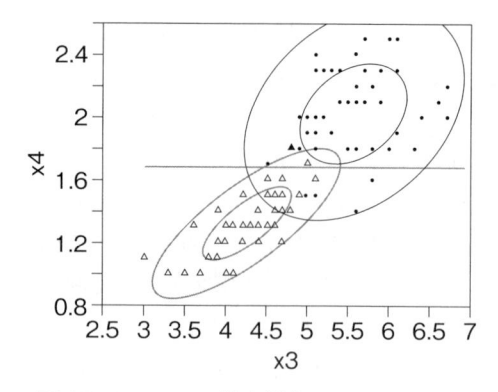

図 1.5 Model6 の散布図 (LDF=3.25, Logi=2.19)

1.5.2 変数選択法

(1) 逐次変数選択法による検討

表 1.5 は，バーシクルに 1，バージニカに − 1 の目的変数値を与えて回帰分析を行った結果である．VIF[†] から，多重共線性はないことがわかる．p 値から 4 変数が 1% で棄却される．変数増加法と変数減少法で逐次 F 検定を行うと，この 4 変数モデルが選ばれる．

表 1.5 回帰分析の統計量

項	推定値	標準誤差	t 値	p 値(Prob>|t|)	VIF
切片	1.837	0.534	3.443	0.001	
$x1$	0.392	0.144	2.714	0.008	3.990
$x2$	0.615	0.189	3.254	0.002	1.722
$x3$	−0.769	0.156	−4.915	0.000	7.252
$x4$	−1.366	0.224	−6.090	0.000	3.948

(2) 全ての説明変数の組合せモデルの検討

表 1.6 は，SAS の RSQUARE プロシジャー（総当たり法）の出力結果に，IP-OLDF と LP-OLDF，LDF と 2 次判別関数の 4 つの誤分類数を付け加えたものである．最初の数字（p の列）は，判別分析の説明変数の数を表している．4 個の説明変数から，15 個の判別分析のモデルが作られる．最右端の変数はモデルに含まれる説明変数を表す．2 番目以降の数字は，決定係数，Mallow's の Cp 統計量，赤池の AIC 基準である．ここまでが SAS の RSQUARE プロシジャーの出力である．

それ以降は，IP-OLDF（IP），LP-OLDF（LP），LDF（F5）と 2 次判別関数（Q5）による誤分類数を表している．F5 と Q5 の 5 は，事前確率が 0.5 対 0.5 である

表 1.6 「アイリスデータ」の全てのモデル

p	決定係数	Cp	AIC	IP	LP	F5	Q5	説明変数
1	0.69	42.10	−250	5(6)	5(6)	6	6*	$X4$
1	0.62	71.70	−231	5(7)	5(7)	8	7	$X3$
1	0.24	236.20	−163	24(27)	24(25 + 4)	27	30	$X1$
1	0.10	301.90	−145	29(37)	35(34 + 14)	42	42	$X2$
2	0.72	27.40	−261	3(5)	7(6)	5	7*	$X2\ X4$
2	0.72	29.20	−260	3	4(5)	6	3**	$X3\ X4$
2	0.70	39.10	−252	3(4)	4(5)	6	6	$X1\ X3$
2	0.69	44.10	−248	5	6	6	5**	$X1\ X4$
2	0.63	67.60	−233	5(6)	5(6)	7	10	$X2\ X3$
2	0.25	237.40	−161	24(25)	24(27)	25	29	$X1\ X2$
3	0.77	10.40	−276	2	2	4	4**	$X2\ X3\ X4$
3	0.76	13.60	−273	2	2	3	3**	$X1\ X3\ X4$
3	0.73	27.20	−261	3(4)	6(7)	5	6*	$X1\ X2\ X4$
3	0.70	40.10	−251	2	3(4 + 1)	7	8	$X1\ X2\ X3$
4	0.78	5.00	−282	1	1(2)	3	3**	$X1\ X2\ X3\ X4$

---

† VIF は Variance Inflation Factor の略で，i 番目の説明変数 x_i を残りの (p − 1) 個の説明変数で回帰した決定係数を R_i^2 とすると，$\text{VIF}_i = 1/(1 − R_i^2)$ で求まる．少なくとも 100（R_i^2 = 0.99）以上を多重共線性の目途にすべきである．

ことを表している.

例えば,1行目はX4を説明変数とする回帰分析の結果として,決定係数が0.69, Mallow's の Cp 統計量が42.1,赤池のAIC基準が-250になった.各判別関数による誤分類数は,それぞれ5個,5個,6個,6個である.このモデルは,説明変数が1個のモデルの中で,決定係数が1番良いモデルである.

説明変数が2個のモデルは,全部で $_4C_2 = 6$ 個あり,その中で(X2, X4)のモデルの決定係数が一番良いことを表す.

表1.6の2次判別関数の誤分類数に付けられた * や ** は,2群の分散共分散が等しいか否かの χ^2 検定が5%か1%で棄却されたことを示す.この場合,2次判別関数を用いることが望ましいとされてきた.しかし,χ^2 検定で棄却された8モデルでは,5%で棄却された2例でLDFの方が2次判別関数より良く,5%と1%で棄却された4例が同じであり,1%で棄却された2例で2次判別関数の方がLDFより良かった.結局2次判別関数は,管理された乱数データでしか良い結果がでないのではないかと考えられる.

IPとLP列の括弧内の数字は,改定IP-OLDFと改定LP-OLDFで求めた誤類数である.判別境界上に($p + 1$)個以上のケースがある場合,IP-OLDFの間違ったMNMを改定IP-OLDFで正しいMNMに修正したものである.LP-OLDFは,改定LP-OLDFで修正したが,判別得点が0の個数を「+」の後に示した.改定LP-OLDFではこの値だけ誤分類数がさらに増える可能性がある.これらは本書執筆のために行った第4章の結果を引用している.

F5はLDF, Q5は2次判別関数の誤分類数である.判別得点が0の個数はわからないので,表示された誤分類数が正しいか否かはわからない.これが判別分析の現状である.

1.5.3 逐次変数選択法と総当り法によるモデル決定

(1) 総当り法と基本系列

表1.6のように総当り法の出力があれば，逐次変数選択法などをこの表の上でシミュレーションできる．逐次変数選択法の変数増加法で停止則(Fin 基準)を考えずに1変数からフルモデルの4変数まで求めたものを「上昇基本系列」と呼ぶことにする．表1.6から，このモデル系列は，$(X4) \to (X2, X4) \to (X2, X3, X4) \to (X1, X2, X3, X4)$ であることがわかる．変数減少法で停止則(Fout 基準)を考えず求めた「下降基本系列」は，$(X1, X2, X3, X4) \to (X2, X3, X4) \to (X2, X4) \to (X4)$ である．すなわち，このデータでは上昇基本系列と下降基本系列で選ばれたモデルは一致している．

両方の基本系列が完全に一致し，それが各 p 次元で決定係数が一番良いモデルである場合，最終的に選ぶモデルはこの基本系列から選べばよいだろう．しかし，不一致の場合は，最終的に選ぶモデルの決定は難しくなる．多くの統計ソフトでは，逐次変数選択法を提供しているが，総当り法が利用できない場合が多い．そのような場合は逐次変数選択法で，この基本系列のモデルを慎重に検討すればよい．

(2) モデル決定

良いモデルを決定する決定的な方法はまだない．しかし，良いモデルは全ての次元で多くのモデルで支持されていることが重要である．

2008年までは，筆者は次のように考えていた．

① 1変数からフルモデルまでの上昇と下降基本系列で，Mallow's の Cp 統計量や赤池の AIC 基準を参考にして，適切な次元 p を決める．本書では，AIC 最小基準を第1順位で用い，Cp 統計量を第2順位で用いる．逐次変数選択法の停止則は重視しないが参考指標とする．

② もし，上昇基本系列と下降基本系列が一致していれば，これらのモデルは他の次元のモデルからも支持されているので，このモデル系列から

最終の候補モデルを選ぶ理由は大きい．多重共線性などで基本系列が異なる場合，多重共線性を解消して再検討するか，基本系列にないモデルも検討対象にする必要があろう．

③　固有領域の研究者に最終の候補モデルを提示し，彼らの考えと調整し，必要であれば再検討する．すなわち，統計的に良いモデルをできるだけ早く選んで，実際問題を解決する出発点にすべきである．

以上のおおまかな手順をモデル決定の手順にすることに問題はないであろう．停止則は，数値計算で解が振動したりして，収束しない場合に重要である．しかし逐次変数選択法では，振動して解が求まらないということはない．逐次 F 検定の結果を停止則に取り入れて，モデル探索を途中で打ち切ることは，モデル全体から得られる情報が利用できなくなるので好ましくない．逐次 F 検定の結果は，基本系列上のモデルでどのモデルが良いかを決めるための一つの指標として使うべきである．

表 1.6 から，基本系列で次のことがわかる．

赤池の AIC 基準は，-250，-261，-276，-282 と単調に減少するので，4 変数モデルを選ぶ．Mallow's の Cp 統計量 (括弧の中は $|Cp-(p+1)|$ の値) は，42.1(40.1)，27.4(24.4)，10.4(6.4)，5(0) である．$|Cp-(p+1)|$ が単調に減少するので 4 変数モデルを選ぶ．

改定 IP-OLDF の MNM は 6, 5, 2, 1 と単調に減少する．改定 LP-OLDF の誤分類数は 6, 6, 2, 2 であり，判別得点が 0 のものがないので正しい誤分類数になる．LDF(F5) は 6, 5, 4, 3 で，2 次判別関数(Q5) は 6, 7, 4, 3 である．2 次判別関数だけが単調に減少していない．4 変数で LDF と 2 次判別関数は改定 IP-OLDF より 2 例 (2%) だけ誤分類数が多い．

各手法の誤分類数を一つのモデルだけで比較していては，以上のような明確な傾向はわからないことは明らかである．なぜ基本系列で判別結果を評価するという研究が少ないのか疑問である．

1.5.4 回帰分析による検討

表1.6の15例の分析結果で,LP(改定LP-OLDFのNM),F5(LDFのNM),Q5(2次判別関数のNM)の誤分類数をMNM(改定IP-OLDFの真のMNM)で回帰すると,次の回帰式が得られた.

$MNM = 0 + MNM,$
$LP = 1.329 + 0.912 * MNM,$
$F5 = 1.471 + 1.014 * MNM,$
$Q5 = 1.477 + 1.080 * MNM$

これらの回帰直線を MNM の区間 [1, 37] で重ね書きしたとすれば,MNM が多くなるほど(説明変数が少なくなるほど),$Q5 > F5 > LP > MNM$ の順に誤分類数は相対的に少なくなることを示している.異なった判別手法の評価法として,各手法の誤分類数を MNM で単回帰するこの方法は有効であろう.

1.5.5 判別係数の検討

表1.7は,IP-OLDF,LP-OLDF,LDFの判別係数である.最初の3行は,$X4$ を説明変数とする判別関数である.上段の -0.556 は IP-OLDF の $X4$ の判別係数で,中段の -0.625 は LP-OLDF の判別係数で,下段の -0.06 は LDF の判別係数である.定数項は1にそろえてあるので表から省いている.

枠で囲ったモデルは,注目に値する.$X3$ を説明変数とする1変数モデル ($X3$) では,IP-OLDF と LP-OLDF の $X3$ の判別係数が -0.204 で同じであり,LDF の判別係数は -0.020 である.このモデルに $X2$ を追加した ($X2, X3$) では,IP-OLDF と LP-OLDF の $X2$ の判別係数が0であり,$X3$ の判別係数が -0.204 と同じである.すなわち,1変数モデル ($X3$) に $X2$ を加えた2変数モデル ($X2, X3$) で,$X2$ は何ら情報を加えていないことがわかる.

これに対して,LDF では $X3$ の判別係数が -0.020 で2変数モデル ($X2, X3$) の判別係数は $(0.011, -0.027)$ である.LDF からは,説明変数 $X2$ を $X3$ につ

表 1.7　IP-OLDF, LP-OLDF と LDF の判別係数

	X1	X2	X3	X4
X4				−0.556
				−0.625
				−0.060
X3			−0.204	
			−0.204	
			−0.020	
X1	−0.159			
	−0.159			
	−0.016			
X2		−0.333		
		−0.345		
		−0.035		
X2 X4		0.3571		−1.190
		−0.062		−0.497
		0.0406		−0.129
X3 X4			−0.127	−0.253
			−0.152	−0.152
			−0.009	−0.032
X1 X3	0.119		−0.357	
	0.092		−0.323	
	0.030		−0.061	
X1 X4	0.028			−0.669
	−0.092			−0.253
	−2.00E−04			−0.059
X2 X3		0	−0.204	
		0	−0.204	
		0.011	−0.027	
X1 X2	−0.159	0		
	−0.159	0		
	−0.015	−0.003		
X2 X3 X4		0.181	−0.141	−0.482
		0.185	−0.185	−0.370
		0.031	−0.017	−0.062

け加えることの無意味さがわからない．1変数モデル($X1$)に変数 $X2$ を加えた ($X1$, $X2$) との間でも同じことがいえる．すなわち，変数 $X1$ に $X2$ を加えても判別に効果がないことがわかる．このことは，後で解説する線形分離可能な「銀行データ」でより鮮明にわかる．

すなわち，重回帰分析や判別分析の変数選択法も，係数が 0 になるかならないかで判断できればずいぶんわかりやすくなる．

1.5.6 散布図による判別結果の検討

図 1.6 は，$X1$ を横軸に $X2$ を縦軸にして，($X1$, $X2$) のデータを＋（バージニカ）と□（バーシクル）で 2 群に分けプロットしている．実線は IP-OLDF と LP-OLDF の判別超平面を表す．$-0.159X1 + 1 = 0$ より $X1 = 6.289$ が判別超平面になる．一点鎖線は LDF を表す．

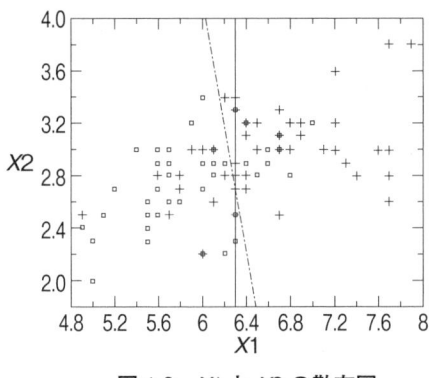

図 1.6 　$X1$ と $X2$ の散布図

1.5.7 ま と め

1.5 節では，IP-OLDF（改定 IP-OLDF）と LP-OLDF（改定 LP-OLDF）を「アイリスデータ」に適用し，LDF と 2 次判別関数との比較評価を行った．「アイ

リスデータ」は説明変数が少なく，基本系列上の MNM が高々6個であるので，大きな優位性は認められなかった．しかし，基本上昇系列で MNM は 5(6)→3(5)→2→1 と**単調減少**し，LDF や 2 次判別関数よりも良いことがわかった．また，種々の判別関数の誤分類数を MNM で単回帰し(結果は省略)，手法を評価する新しい評価法がわかった．

1.6 CPD データ(多重共線性)

1.6.1 概　　略

(1) 多重共線性のあるデータ

日本医科大学産婦人科の鈴村教授は，児頭骨盤不均衡の妊婦に対して，自然分娩群(180 症例)と帝王切開群(60 症例)のいずれの手術法にするかを事前に決めるために，「鈴村氏法」と呼ばれる簡便な判定法を提唱していた．そこでこれを統計的に実証するため，表 1.8 の 17 個の計測データを収集していた(「CPD データ」)．そして，「鈴村氏法」の良さを示すと考えられる $X13$ と $X14$ の差を $X12$ として定義した．このため，多重共線性という重回帰分析や判別分析で厄介な問題が現れる．そこで三宅章彦日本医科大学教授(当時)から頼まれて筆者が統計分析に協力した[29]．

その後，このデータを長く研究に用いて本書でも重要な役割を果たしている．すなわち，本データの LDF や 2 次判別関数，ロジスティック回帰の判別成績が，最適線形判別関数に比べて非常に悪いことがわかった(後述の第 5 章参照)．

医学データは，ビジネス分野のデータと異なり，群を定義する外的基準がしっかりしていること，説明変数に用いる計測値は多大な研究投資で開発された医療計測器の出力であることなど，統計の実証研究に適しているわけである．

表1.8 CPDデータの計測値

$X1$	年齢
$X2$	経産回数
$X3$	仙骨の数
$X4$	入口部前後径
$X5$	かつ部前後径
$X6$	狭部前後径
$X7$	最短前後径
$X8$	児大横径
$X9$	$X7 - X8$
$X10$	入口部前後経
$X11$	入口部横径
$X12$	$X13 - X14$
$X13$	入口部面積
$X14$	児頭面積
$X15$	子宮底
$X16$	腹位
$X17$	外結合線
$X18$	大転子間径
$X19$	側結合線

(注) 研究では，$X12$ と $X9$ に $N(0,1)$ の正規乱数を加えて変更してある

(2) 変数選択の検討

表1.9は，自然分娩群に0，帝王切開群に1の目的変数値を与えて回帰分析を行った結果である．VIFから$X12$, $X13$, $X14$に強い多重共線性が認められる．p値からどの変数も5%で棄却されない．変数増加法では，$X12$, $X9$, $X18$, $X15$, $X17$の順に変数が取り込まれ，この5変数モデルが選ばれる．変数減少法では，$X9$, $X12$, $X18$の3変数モデルが選ばれる．

新村(1996)[30]で，多重共線性の解消法がわからなかった時代，主成分分析と逐次変数選択法を用いて$X4$, $X7$, $X14$を省くことで解消を行った．($X12$, $X13$, $X14$)の中からVIFの一番大きな$X12$を省くべきであるが，これは鈴村氏法の良さを検討するために作成した変数であり，代わりに$X14$を省いた．今から考えると$X13$を省くべきだったかもしれない．($X7$, $X8$, $X9$)では，

表 1.9 回帰分析の統計量

項	推定値	標準誤差	t値	p値	VIF
切片	1.151	0.756	1.524	0.129	.
$X1$	0.007	0.006	1.302	0.194	1.231
$X2$	−0.080	0.056	−1.432	0.154	1.269
$X3$	−0.005	0.043	−0.128	0.898	1.121
$X4$	−0.006	0.009	−0.651	0.516	24.561
$X5$	−0.005	0.005	−1.137	0.257	8.884
$X6$	0.000	0.003	0.152	0.879	3.158
$X7$	0.012	0.013	0.912	0.363	56.855
$X8$	0.003	0.010	0.289	0.773	5.293
$X9$	−0.011	0.009	−1.313	0.190	20.269
$X10$	−0.001	0.004	−0.290	0.772	3.925
$X11$	0.002	0.004	0.471	0.638	1.673
$X12$	−0.008	0.005	−1.712	0.088	1448.065
$X13$	0.007	0.005	1.394	0.165	1434.566
$X14$	−0.007	0.005	−1.372	0.172	635.659
$X15$	0.001	0.001	1.017	0.310	1.358
$X16$	0.000	0.001	0.384	0.701	1.668
$X17$	−0.004	0.003	−1.475	0.142	1.589
$X18$	−0.003	0.002	−1.780	0.077	1.565
$X19$	0.002	0.003	0.559	0.576	1.442

VIF の一番大きな $X7$ をたまたま省いた．$X4$ は 24.6 と残りの変数より大きな VIF になっている．多重共線性の解消法は，将来再検討すべきである．

(3) フィッシャーの前提は正しいか

基本系列上の 2 変数モデルは ($X9$, $X12$) である．**図 1.7** は，この 2 変数の散布図を，自然分娩群を点で，帝王切開群を Y 印で表した．そして 95%と 50%の確率楕円を描いた．散布図から，このデータは 2 群の分散共分散行列が等しいというフィッシャーの仮説を満たさないことがわかる．LDF は 7.26%，ロジスティック回帰は 2.13%だけ改定 IPLP-OLDF より平均誤分類確率が悪い(表 5.23)．

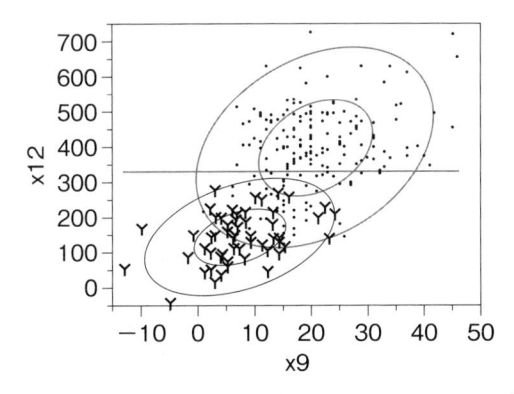

図 1.7　実データの散布図(LDF＝7.26, Logi＝2.13)

1.6.2　説明変数の全ての組合せの検討

　表 1.10 は，SAS の RSQUARE プロセジャーに今回提案する手法の結果をつけ加えたものである．19 個の説明変数の全ての組合せ（(2^{19} − 1)個すなわち約 52 万個）の回帰モデルを評価し，説明変数が同じ個数のモデルの中から上位 19 個の結果だけを出力した．

　最初の数字(p)は，回帰分析に用いた説明変数の個数を表している．$p = 1$ から $p = 18$ のそれぞれで，決定係数の大きい上位 19 個のモデルを出力したが，その中から重要なもののみを表示してある．

　最右端の変数は，説明変数を表す．2 番目(Rank)は，説明変数が同じ個数のモデルの中で，該当するモデルの決定係数が何番目に良いかを示す順位である．ただし，20 番目以降は RSQUARE で出力しなかったので，STEPWISE プロセジャーで別途計算し，順位は「＊」で示してある．

　3 番目(Type)の記号は，F が 19 変数の上昇基本系列，B は下降基本系列を表している．f は，19 変数から多重共線性のある(X4, X7, X14)の 3 変数を省いた 16 変数の上昇基本系列である(新村・三宅，1983；新村，1996)[29], [30]．b は，多重共線性のない 16 変数の下降基本系列である．DOC1 と DOC2 は，本

表 1.10 「CPD データ」の総括表

p	Rank	Type	IP	LP	FP	QP	R2	Cp	AIC	説明変数
1	1	FBfb	19(20)	21(20+1)	23	22	0.521	22	-568	X12
2	2	FBfb	13	16(13)	17	20	0.559	4.2	-586	X9 X12
3	3	FBfb	12	19(12)	19	22	0.565	3	-587	X9 X12 X18
4	1	Ffb	10	19(10)	17	18	0.572	1.3	-589	X9 X12 X15 X18
4	3	B	11	22(11)	20	20	0.568	3.2	-587	X9 X12 X13 X18
5	1	Ff	10	22(10)	17	18	0.575	1.6	-589	X9 X12 X15 X17 X18
5	2	b	8(7)	16(7)	17	16	0.574	2	-588	X2 X9 X12 X15 X18
5	3	B	11	21(11)	19	31	0.573	2.5	-588	X9 X12 – X14 X18
6	1	B	9	20(9)	16	32	0.578	1.9	-589	X9 X12 – X15 X18
6	2	b	7	14(7)	17	15	0.577	2.3	-588	X1 X2 X9 X12 X15 X18
6	3	Ff	8(7)	18(7)	16	16	0.577	2.5	-588	X2 X9 X12 X15 X17 X18
6	*	DOC1	13(12)	18(12)	20	20	0.565	8.3	-587	X5 X9 X13 X14 X17 X18
6	*	DOC2	11	24(11)	19	22	0.564	8.4	-587	X7 X9 X13 X14 X17 X18
7	1	B	9	20(9)	15	30	0.582	1.8	-589	X9 X12 – X15 X17 X18
7	2	Ffb	7(6)	16(6)	16	15	0.58	2.7	-588	X1 X2 X9 X12 X15 X17 X18
8	1	F	6	18(8)	14	9	0.584	3	-588	X1 X2 X7 X9 X12 X15 X17 X18
8	2	B	8	17(8)	17	27	0.584	3	-588	X1 X2 X9 X12 – X15 X17 X18
8	5	fb	6	18(6)	14	9	0.583	3.2	-587	X1 X2 X8 X9 X12 X15 X17 X18
9	1	B	6	16(8)	16	23	0.586	3.6	-587	X1 X2 X9 X12 – X15 X17 X18
9	2	F	4	10(4)	15	9	0.586	3.6	-587	X1 X2 X5 X7 X9 X12 X15 X17 X18
9	3	fb	4	10(4)	14	9	0.585	4	-587	X1 X2 X5 X8 X9 X12 X15 X17 X18
10	1	B	6	17(8)	15	24	0.588	4.5	-586	X1 X2 X7 X9 X12 – X15 X17 – X19
10	6	F	4	10(4)	14	8	0.587	5.1	-586	X1 X2 X5 X7 X9 X12 X15 X17 – X19
10	*	fb	3	10(3)	14	10	0.586	5.7	-585	X1 X2 X5 X8 X9 X12 X15 X17 – X19
11	1	B	4	10(4)	13	22	0.59	5.4	-586	X1 X2 X5 X7 X9 X12 – X15 X17 X18
11	*	F	4	8(4)	13	9	0.582	12	-587	X1 X2 X5 X7 X9 X12 X13 X15 X17 – X19

1.6 CPDデータ(多重共線性)

表1.10 つづき

p	Rank	Type	IP	LP	FP	QP	R2	Cp	AIC	説明変数
11	*	fb	3	8(3)	13	11	0.587	7.4	−584	X1 X2 X5 X8 X9 X12 X13 X15 X17 − X19
12	1	FB	4	9(4)	13	21	0.591	6.9	−584	X1 X2 X5 X7 X9 X12 − X15 X17 − X19
12	*	fb	3	9(3)	13	11	0.588	9.1	−582	X1 X2 X5 X8 X9 X12 X13 X15 − X19
13	1	FB	3	9(3)	13	17	0.592	8.6	−582	X1 X2 X4 X5 X7 X9 X12 − X15 X17 − X19
13	*	fb	3	7(3)	15	9	0.588	11	−580	X1 X2 X5 X8 X9 X11 − X13 X15 − X19
14	1	FB	3	8(3)	15	16	0.592	10	−581	X1 X2 X5 X7 X9 X11 − X13 X15 − X19
14	*	fb	2	6(2)	15	10	0.588	13	−578	X1 − X3 X5 X8 X9 X11 − X13 X15 − X19
15	1	FB	3	6(3)	15	17	0.529	12	−579	X1 X2 X4 X5 X7 X9 X11 − X19
15	*	fb	2	5(2)	15	7	0.588	5	−576	X1 − X3 X5 X8 − X13 X15 − X19
16	1	FB	3(2)	6(2)	16	21	0.593	14	−577	X1 X2 X4 X5 X7 − X9 X11 − X19
16	*	fb	2	4(2)	15	7	0.588	17	−574	X1 − X3 X5 X6 X8 − X13 X15 − X19
17	1	FB	2	5(2)	16	19	0.593	16	−575	X1 X2 X4 X5 X7 − X19
18	1	FB	2	5(2)	15	17	0.593	18	−573	X1 X2 X4 − X19
19	1	FB	2	3(2)	15	16	0.593	20	−571	X1 − X19

(注) p: 説明変数の数, Rank: 説明変数が同数のモデルの中での決定係数の降順位, Type: 基本系列の種類, IP, LP, FP, QP, F5,
Q5: IF-OLDF (改定IP-OLDF), LP-OLDF (改定LP-OLDF), LDFと2次判別の事前確率を変えた場合の誤分類数

データを集めた松木医師らが選んだモデルである.

すなわち, 19変数の変数増加法では, 最初に1変数モデル($X12$)が選ばれ, 次に2変数モデル($X9, X12$), そして3変数モデル($X9, X12, X18$)が逐次選ばれ, 最終的に19変数のモデル($X1 - X19$)になる. ($-$)は, $X1$から$X19$までの19個の変数を表す省略記号である. 変数減少法は($X1 - X19$)から始まり, $p = 18$の行に示すように, 変数$X3$がモデルから掃き出され($X1, X2, X4 - X19$), $p = 17$では$X6$が掃き出され, ($X1, X2, X4, X5, X7 - X19$)が選ばれている. そして, 最終的に1変数モデル($X12$)になる.

多重共線性を省いた16変数では, 変数増加法ではpが1から7まではFとfが一致している. 16変数の変数減少法では, pが16変数から4変数まではBと一致せず, 3変数ではじめて同じモデルを選んでいる.

4番目以降の数字は, 各判別関数の誤分類数である. FPとQPはデータ件数に比例した事前確率0.75と, 0.25を用いたLDFと2次判別関数の誤分類数である. SASのDISCRIMプロセジャーで計算した. 表中のモデルの全てが, χ^2検定で棄却された. しかし, 必ずしも2次判別関数の成績が良いわけではない. すなわち, 2次判別関数の現実への適用が疑問視される. その後は, モデル選択に用いられる決定係数, Mallow's のCp統計量, 赤池のAIC基準である.

赤池のAIC基準は, 4変数のモデル($X9, X12, X15, X18$)が良いことを示す. このモデルはタイプがFfbであるので, 19変数の変数増加法と, 16変数の変数増加法と減少法の両方で選ばれていることがわかる. このモデルには, 鈴村氏法の良さを示すためにつけ加えられた$X9$と$X12$が含まれている. これに対して, 松木らが選んだ6変数のモデルには, $X12$は含まれていない. Cp統計量は, 3変数($X9, X12, X18$)モデルを選んだ.

1.6.3 上昇・下降基本系列での評価

（１）　上昇基本系列

図1.8は，表1.10のFで表される19個の上昇基本系列の改定IP-OLDFで修正したMNM（大きな破線）と，改定LP-OLDFで修正したLP（一点鎖線），FP（破線），QP（実線）の誤分類数をまとめたものである．この図から，「アイリスデータ」と異なり，一般的に次のことがわかる．

① 改定IP-OLDFは，1変数から19変数と増えるに従い，**MNMは単調減少**している．しかも，LDFと2次判別関数に比べ成績は明らかに良い．この単調減少性は，一般的に次のように説明できる．p変数で誤分類数を最小とする判別関数が得られたとする．このモデルに，任意の残りの変数を加えたモデルで，追加した変数の判別係数を0にすれば，($p+1$)変数モデルにおいてp変数の誤分類数は最低保証される．すなわち，「**MNMの単調減少性**」という事実がわかった．

② 改定LP-OLDFは，1変数と8変数で誤分類数がMNMより多い．また表1.10でLP-OLDFに比べて誤分類数は著しく少なくなっている．

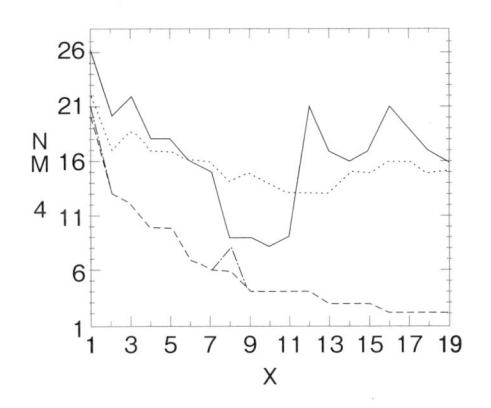

図1.8　上昇基本系列上の誤分類数
（注）　実線は2次判別関数，破線はLDF，大きな破線は改定IP-OLDF，一点鎖線は改定LP-OLDF）

③ 破線で表されるLDFは，変数が増えても単調に減少せず，6変数以上では誤分類数は16個から13個の間で変動している．このようにLDFの問題点は，誤分類数が決定係数のように単調減少しないことである．このため，逐次変数選択法でモデルを決定したり，特定のモデルでLDFと他の手法を誤分類数で比較することを試みても確定的なことはいえないことがわかる．このため判別分析では，一部で誤分類数を軽視する風潮を生んだのであろう．これは基本系列上で比較することで問題点が初めて明らかになった．

④ 2次判別関数は，1変数から8変数までで減少し，8変数から11変数まではほぼ同じ値を通り，11変数以上になると急に誤分類数は増えている．表1.10を見ればわかる通り，11変数モデルには($X12$, $X13$)が含まれているが，12変数モデルになって$X14$が入って多重共線性が完結したためであろう．

（2） 下降基本系列

図1.9は，下降基本系列の誤分類数をまとめたものである．モデルは19変数から1変数と降順で選ばれるが，解釈は上昇基本系列と同じ昇順で行うこと

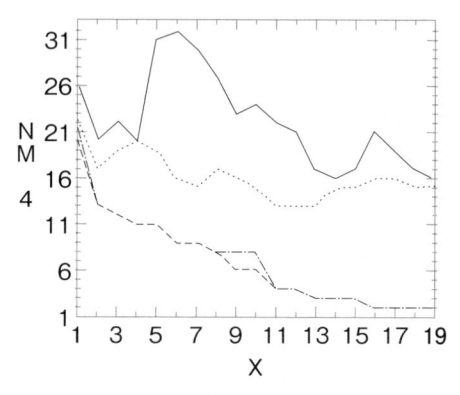

図1.9 下降基本系列上の誤分類数

にする．上昇基本系列と同じく，次のことがわかる．
① 改定 LP-OLDF は，1, 9, 10 変数で誤分類数が MNM より多い．
② LDF は，変数が増えても単調に減少せず，6 変数以上で誤分類数は 17 個から 13 個の間で変動している．
③ 2 次判別関数は，1 変数から 6 変数まで増加し，6 変数以上で変動しながら減少している．表 1.10 の 19 変数の下降基本系列を調べるとわかる通り，19 変数から 5 変数モデルまでは多重共線性に関係する変数が含まれており，4 変数モデルでは多重共線性が解消されているため，減少していくのであろう．

図 1.8 と図 1.9 で，2 次判別関数の増加と減少のパターンが逆であるが，多重共線性に大きく影響されていることがわかる．すなわち，2 次判別関数は現実の一線から退き，判別分析の歴史博物館に入るべき手法である．この問題点は，説明変数を多く取り込んだ手法を利用する場合の警鐘になる．他の 3 手法では，当然のことであるが上昇基本系列と下降基本系列は同じ傾向である．

（3） 多重共線性の解消

図 1.10 は，多重共線性を解消した 16 変数の上昇基本系列である．2 次判

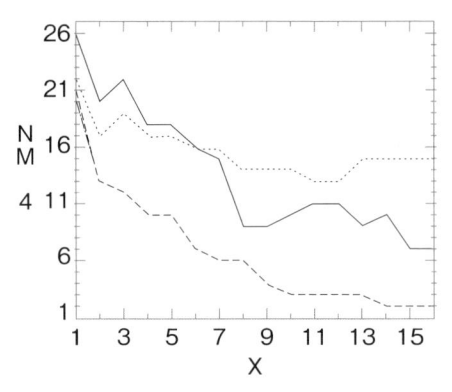

図 1.10　上昇基本系列（16 変数）

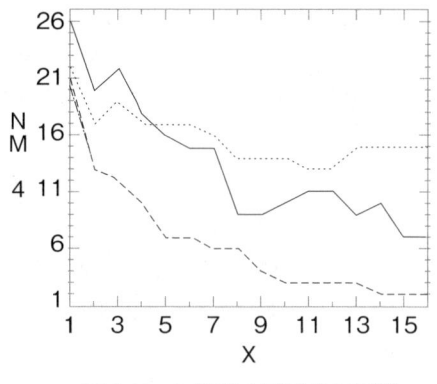

図 1.11　下降基本系列(16 変数)

別関数がほぼ減少傾向を示す．他の3手法は19変数と同じ傾向である．改定 IP-OLDF と改定 LP-OLDF は一致している．

図 1.11 は，16 変数の下降基本系列である．やはり，2 次判別関数は図 1.10 と似たような傾向になった．他の 3 手法は，19 変数と同じ傾向である．

すなわち，多重共線性を解消すれば，次のような特徴がある．
　① 改定 IP-OLDF と改定 LP-OLDF は単調減少し，一番判別成績が良い．
　② LDF は単調減少しない．
　③ 2 次判別関数は，多重共線性の影響がなくなると，減少傾向にある．

1.6.4　多重共線性の評価

表 1.11 は，4 基本系列の MNM である．四角い枠で囲ったものは各次元 p で最小の MNM である．16 変数の下降基本系列は，決定係数が必ずしも 19 変数の基本系列よりも良くないが，$p=1$ から $p=16$ までの全ての次元で最小である．16 変数の上昇基本系列は 5 変数で，下降基本系列より MNM が 3 個多い．19 変数の下降基本系列が一番悪く，上昇基本系列は $p=5, 10, 11, 12, 14, 15$ の 6 個の次元で大きな MNM の値をとっている．

1.6 CPD データ（多重共線性）

表1.11　4基本系列の MNM

	1	2	3	4	5	6	7	8	9	10	11	12	13	14	15	16	17	18	19
19F	20	13	12	10	10	7	6	6	4	4	4	4	3	3	3	2	2	2	2
19B	20	13	12	11	11	9	9	8	6	6	4	4	3	3	3	2	2	2	2
16f	20	13	12	10	10	7	6	6	4	3	3	3	3	2	2	2			
16b	20	13	12	10	7	7	6	6	4	3	3	3	3	2	2	2			

以上から，多重共線性がなければ16変数の下降基本系列が良いが，多重共線性がある場合，19変数の下降基本系列のフルモデルに多重共線性に関係する変数が含まれるので，関連した変数が掃き出されない限り，MNM は大きな値になると考えられる．

1.6.5　誤分類数の評価

（1）　回帰分析による判別成績の評価

QP，FP，LP，IP を改訂 IP-OLDF の MNM(IP) で単回帰分析すると，回帰式は次のようになる．相関係数は 0.537, 0.833, 0.992, 1 である．

$QP = 11.384 + 0.893 * IP$

$FP = 12.149 + 0.460 * IP$

$LP = 0.052 + 1.02 * IP$

$IP = 0 + IP$

決定係数を IP で回帰すると，両変数とも単調増加と減少を示すので，−0.718 と負の相関がある．C_p 統計量と AIC は MNM と無相関である．

$R\_Squuare = 0.596 - 0.00274 * IP$

（2）　4手法の比較

図1.12は，2次判別関数(1点鎖線)，LDF(実線)，LP OLDF(破線)の誤分類数を MNM で回帰した回帰直線を重ね書きしたものである．一番下の実線は IP = 0 + IP を表す．横軸は IP の値(MNM)であり，縦軸は各判別手法の

図1.12　FP，QP，LP の回帰式

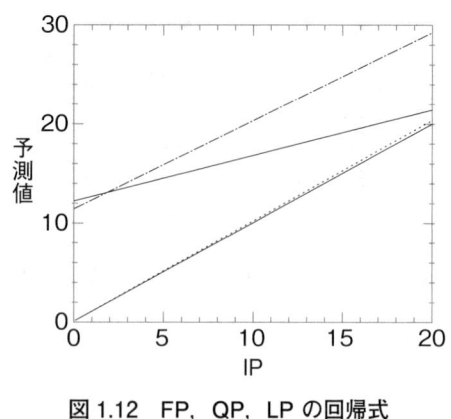

誤分類数の予測値である．表 1.10 から実線の LDF は，IP = 0 で約 12，IP = 20 で 21.3 の予測値になる．すなわち，誤分類数の変化幅が一番少ないことを表している．仮に，IP を IP で回帰すると，原点と IP = 20 で予測値が 20 を結ぶ直線になる．すなわち，改定 IP-OLDF が 1 変数から 19 変数の全てのモデルで，当然のことであるが 3 手法より優れていることがわかる．

一方，LDF と 2 次判別関数は IP = 1.7（表 1.10 から 15 変数以上のモデルに対応）で交差している．1 変数から 14 変数までで 2 次判別関数は一番悪いことがわかる．IP の定義域 [0，20] で，ほぼ「**改定 IP-OLDF ＜ 改定 LP - OLDF ＜ LDF ＜ 2 次判別関数**」の順に誤分類数が増える．

2 次判別関数は改定 IP-OLDF とほぼ平行であり，12 例（約 4.3％）ほど誤分類数が多い．LDF は 19 変数では改定 IP-OLDF より 12 例ほど多いが，説明変数が少なくなるにつれて差が小さくなっている．

1.6.6　まとめ

「CPD データ」を用いて，改定 IP-OLDF と改定 LP-OLDF を，LDF と 2 次

判別関数と比較評価した．説明変数が少なく，フィッシャーの仮説を満たしていると思われる「アイリスデータ」では，それほど手法間に差は認められなかった．これに対し「CPDデータ」では，19個と説明変数の数が多く，多重共線性があり，さらに離散変量などの種々の変数が混在しているため，多次元正規分布でないことは一目瞭然である．「CPDデータ」では，改定IP-OLDFは従来の手法に対して基本系列上で比較評価すると，明らかに良い結果が得られた．すなわち，MNMは説明変数に対して単調減少であるのに対して，LDFは減少しなかった．

また，多重共線性の影響で，決定係数の良いモデル系列よりも，16変数の下降基本系列のように決定係数が悪いにもかかわらず，より誤分類数の少ないモデル系列があることがわかった．このことは，CPDのように多重共線性やデータが多次元正規分布でないために正規性からの乖離が考えられる問題のあるデータの場合，MNMはそれらの存在を視覚的に捕らえることができる指標と考えてもよいだろう．また，MNMと決定係数の相関が高かった．

これまで，事前確率やリスクの設定で誤分類数が変化し，モデル評価に困難な状況を引き起こした．そこで，内部標本に対し一意に決まるMNMを説明変数として，他の誤分類数の単回帰分析を行った．同じ単調減少性を示す決定係数の結果が良いのは当然として，LDFの誤分類数の方が2次判別関数のそれと比較して，MNMで良く回帰できた．さらに，基本系列上の全てのモデルは，2群の分散共分散のχ^2検定で1%で棄却された．これまでの理論の教えるところに従えば，LDFに代わって2次判別関数を用いた方が良いことになるが，実際のデータではかえって誤分類数が悪い例が多く存在していることがわかった．今後は2次判別関数を現実問題に適用しない方がよいだろう．

1.7　2変量正規乱数データによるIP-OLDFの評価

115組の「2変量正規乱数データ」を用いて，「アイリスデータ」と「CPDデータ」で行えなかった「評価データ」による検討を行った．正規乱数データ

であるので **Haar 条件**（後述の 3.2.1 項参照）を満たすと考えられる．このため IP-OLDF で行った結果は，本書のために改定 IP-OLDF で修正する必要がないと考えた．ただし，LP-OLDF の誤分類数は改定 LP-OLDF で改善される可能性があるが，ここでは初期に行った成果をそのまま紹介する．

1.7.1　2 変量正規乱数データ

（1）　正規乱数データの発生

正規乱数データを，オブジェクト指向言語 Speakeasy（新村, 1999）で以下のように作成した[28]．

X = NORMRANDOM(ARRAY(400, 1:)) * 2;
Y = NORMRANDOM (ARRAY(400, 1:));

400 行 1 列の配列に，平均が 0 で標準偏差が 2 と 1 の正規乱数を発生して，それを配列 X と Y とした．このデータを，400 件 * 2 変数からなる 2 変量正規乱数データとする．

そして，これを 100 件 * 2 変数からなる，4 組の 2 群判別用の実データとした．最初の 2 組を内部標本 G1 と G2 として用い，残り 2 組をそれらに対応する外部標本 G3 と G4 とする．すなわち，G1 は 1 番目から 100 番目のケースである．G3 群は 201 番目から 300 番目のケースであり，G1 の外部標本と考えている．同様に，G2 は 101 番目から 200 番目のケースである．G4 群は 301 番目から 400 番目のケースであり，G2 の外部標本と考える．

（2）　判別データの作成

さらに，この 4 組の実データから，115 組のデータを次のように作成した．

G1 と G3 群のデータは原点を中心に，0 度，30 度，45 度，60 度，90 度のそれぞれで回転を行った．G2 と G4 群の X の値には 0 から 8 までのいずれかの整数 i を，Y には 0, 2, 4 のいずれかの整数 j を加えて，平均 $(0, 0)$ を (i, j) に平行移動した．**Speakeasy** を用いたのは，データの回転や移動が配列や行列

演算として簡単に行えるからである．

このようにして作られる 5 * 9 * 3 個の組合せ (135 組) から，誤分類確率が 0 になるものや，0.5 近くになるもの 20 組を省いた残りの 115 組を本研究のためのデータとした．すなわち，115 組の内部標本 (G1 と G2) と，それに対応する外部標本 (G3 と G4) を作成したことになる．

この 1 組の判別データを，$D_{ij}A_k$ と表すことにする．$D_{ij}A_k$ は，G1 と G3 群を k 度回転し，G2 と G4 群の原点を (i, j) に平行移動したものを表す．例えば $D_{12}A_{30}$ は，G2 と G4 群の X と Y に 1 と 2 を加え，G1 と G3 群を 30 度回転した内部標本と外部標本の 4 群のデータを表す．

G1 と G2 で各判別関数を適用し (Internal Check)，その判別式を用いて G3 群と G4 群を判別 (External Check) するものとする．

$D_{i0}A_0$ タイプのデータは，2 群が正規分布で等分散であるので，LDF は良い結果が得られると考えられる．そして，$D_{i0}A_k$ の k を大きくすると，2 次判別関数や IP-OLDF は，LDF に比べて良くなることが期待される．また，j を 2 と 4 にして平行移動しても，等分散性が棄却されることになる．

回転と平行移動を組み合わせることで，多くの異なった位置関係にある検証データが簡単に作成でき，2 群の 2 次元の布置の異なるパターンをかなりカバーできたと考える．

1.7.2 誤分類数による評価

本データを，4 つの判別関数で分析し，その誤分類数で評価する．乱数データでありデータ件数が等しいので，事前確率は 0.5 対 0.5 とする．また，リスクを考慮する必要もないだろう．

FIT は，LDF の内部標本での誤分類数である．F は LDF を，IT は内部標本 (Internal Sample) を表す．FET の ET は外部標本 (External Sample) を表す．LIT は LP-OLDF の内部標本を，LET は外部標本の誤分類数を表す．OIT は IP-OLDF の内部標本，OET は外部標本での誤分類数を表す．QIT は 2 次

判別関数の内部標本，QET は外部標本の誤分類数を表す．

1.7.3　MNM による評価

FIT を OIT の誤分類数で回帰した回帰式は，$FIT = 2.181+1.104*OIT$ であり，相関係数は 0.992 と高い（表 1.12）．OIT に比べ，10%ほど誤分類数が増えるようだ．

図 1.13 は，内部標本の回帰直線を表している．一番上の一点鎖線は LP-OLDF，実線は LDF，破線は 2 次判別関数，一番下の大きな破線は IP-OLDF

表 1.12　MNM による単回帰式による評価

回帰式	相関係数
FIT = 2.181 + 1.104 * OIT	0.992
QIT = 1.735 + 1.038 * OIT	0.990
LIT = 1.243 + 1.300 * OIT	0.991
FET = 5.122 + 1.269 * OIT	0.981
QET = 4.399 + 1.170 * OIT	0.974
LET = 4.594 + 1.510 * OIT	0.984
OET = 5.430 + 1.229 * OIT	0.985

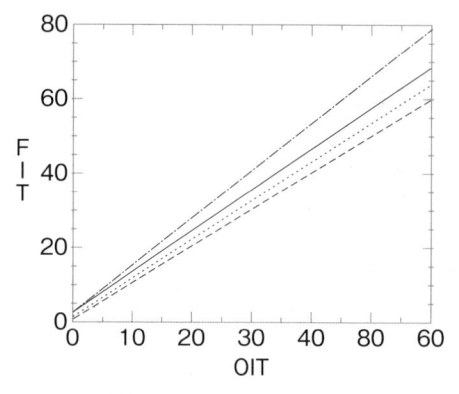

図 1.13　4 手法の MNM による単回帰分析（内部標本）

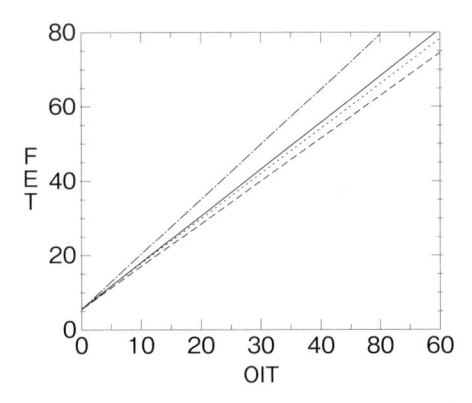

図1.14　4手法の MNM による単回帰分析（外部標本）

を IP-OLDF で回帰した回帰直線を表す．これら4手法の誤分類数の予測値は，平均の大小順と同じく，「IP-OLDF ＜ 2次判別関数 ＜ LDF ＜ LP-OLDF」になる．ただし，OIT の値の小さなところではこれらの差もなく，大きくなるに従い差も大きくなることがわかる．

図 1.14 は，外部標本の回帰直線を表している．OET を OIT で回帰した直線は，実線で表した LDF と破線の2次判別関数の間にくる大きな破線である．この結果も平均値で検討した大小順と同じく，「2次判別関数 ＜ IP-OLDF ＜ LDF ＜ LP-OLDF」になる．ただし，OIT の値の小さなところではこれらの差もなく，大きくなるに従い差も大きくなることがわかる．

1.7.4　X と Y による層別箱ひげ図による検討

図 1.15 は，OIT の X と Y による層別箱ひげ図である．3つのグラフの左上，右上，左下は，$Y = 0, 2, 4$ に対応している．各グラフの横軸は X の0から8に対応し，縦軸は誤分類数を表している．個々の箱ひげ図は，G1 の角度を5個回転させたものが描かれている．$Y = 0$ の場合（左上のグラフ），X の値が増

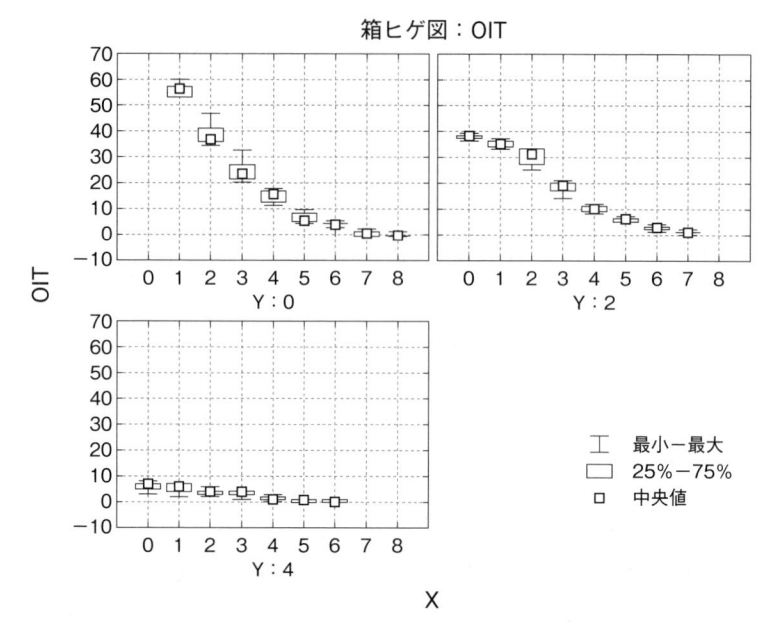

図 1.15 *X* と *Y* の組合せによる OIT の箱ひげ図（Statistica の出力）

えると急速に誤分類数は減少している．

これに対して，$Y = 2$ の場合（右上のグラフ），$X = 0$ と 1 でそれほど減少しないが，2 以上で減少している．$Y = 4$ の場合は，緩く減少している．これを見れば，G1 の回転よりも，G3 群の平行移動の方が誤分類数に大きな影響を与えていることがわかる．また，誤分類数が少なくなるにつれ，回転の影響も少なくなっている．

1.7.5 まとめ

「アイリスデータ」と「CPD データ」では，「教師データ」で「改定 IP-OLDF ＜ 改定 LP-OLDF ＜ LDF ＜ 2 次判別関数」という結果が得られた．し

かし,「評価データ」による検証が行えない問題点があった.そこで,乱数データで確認することにした.その結果,内部標本の平均値の大小順は,「IP-OLDF＜2次判別関数＜LDF＜LP-OLDF」の順であった.「評価データ」による結果は,「2次判別関数＜IP-OLDF＜LDF＜LP-OLDF」の順であった.

「乱数データ」では2次判別関数の成績が格段に良いが,これは説明変数が少ないことと,両方のデータが2変量正規分布し分散共分散行列が異なるという2次判別関数の定式化の前提を満たしているためと考える.

従来の統計研究では,新しく提案する手法は「乱数データ」で評価されることが常套手段であった.しかし,乱数による評価は単に手法の前提条件を追体験しているに過ぎず,現実のデータに適用して問題がないか否かを検討しているとはいえない.

第2章 数理計画法による判別分析の12年

本章では，MNM 基準による最適線形判別関数の苦節の 12 年間の研究と，線形分離可能(MNM = 0)なデータの驚くべき事実を概観する．

2.1 数理計画法による最適線形判別関数の研究

2.1.1 新村の3原則

新しい手法を提案する場合，①それが既存の手法より優れていること，②新しい知見が得られること，③現実問題に適用が容易なこと，の3点(**新村の3原則**)をクリアする必要がある．

1970 年代以降，数理計画法を用いた判別分析の研究が数多く行われてきた．そして筆者が本研究を始めた 1997 年に，スタム(Stam, 1997)がこの分野の研究を総括する論文を出した[31]．その中に，「なぜ統計ユーザーはこれらの研究成果を利用しないのか？」と真摯な問いかけをした節がある．答えは簡単である．これらの研究は，新村の3原則に答えていない，研究のための研究であったからである．

一番の問題は，提案手法が既存の統計的判別手法に比べて優れているか否かの実証研究すらない点である．このため 1990 年代以降，この分野の研究は

SVM(Vapnik, 1995)に取って代わられた[2]．SVMの研究者は，データによる検証を行っているのが前の世代の研究と大きく異なっている．しかし，このSVM研究でも既存の統計手法との比較を行ったものは多分ないのではないかと考える．

筆者は，数理計画法による判別分析の多くの研究者がスタムの総括論文でこの分野の研究が終わったと感じた1997年に，それとは知らずに研究を始めた．しかし，判別分析は難しい問題だらけである．これらの難問は，整数計画法を用いたMNM基準による最適線形判別関数のIP-OLDFによって初期のころに解決できた．

最初から真のMNMを求める改定IP-OLDFを考えていれば，これらの新しい発見はできなかったことが重要だ．

しかし，整数計画法を用いているため計算時間がかかった．このため，MNMの近似解を求める高速なIPLP-OLDFを開発した．

また，MNMの集合からなる判別係数の**最適凸体**の内点を直接求める改定IP-OLDFを開発することで，SVMなどの他の手法と，「教師データ」だけでなく「評価データ」での検証が可能になった．

最後に，**LINGO**という数理計画法のソルバーと**JMP**を用いて，4種類の実データから作った100個の**Bootstrap標本**を用いた**100重交差検証法**を行った．この研究で，MNM基準による最適線形判別関数は，全ての線形判別関数(LDF，数量化II類，S-SVM)とロジスティック回帰より優れていることが実証研究でわかった(第5章参照)．

この研究を行うためには，統計と数理計画法の理論の知識だけでは不十分で，最先端の統計ソフトと数理計画法ソフトを用いて，135個の異なった判別関数の100個のモデルすなわち13,500個のモデルを比較評価するという実証研究が必要であった．その意味で，オンリーワンの研究と自負している．

2.1.2 数理計画法と判別分析の歴史

（1） 数理計画法とは

意思決定に役立つ学問として，統計と数理計画法がある．統計は，分析対象がデータとして計測できる場合に有用な学問である．数理計画法は，分析対象を数式モデルで記述し，利益やリスクで表される目的関数をある制約条件の下で最適化する学問である．

数理計画法(MP)は，その解法のアルゴリズムとして，制約式と目的関数が一次式で表される線形計画法(LP)が代表である．モデルを記述する変数を決定変数というが，LPの決定変数は一般的に非負の実数で定義される．決定変数が整数値の場合は，組合せの爆発が起こり，計算時間のかかる整数計画法(IP)になる．目的関数が決定変数の2次式で，制約条件が1次式で表されるモデルが2次計画法（QP）である．QPはLPを逐次適用することで解を得るので，IPほど計算時間がかからない．目的関数や制約式が一次式でない場合を，非線形計画法(NLP)という．NLPの難点は，局所的な最適解が大域的な最適解であるか否かの判定が難しいことと，一般的にLPやQP以上に計算時間がかかる点である．2005年以降，LINGO8.0という数理計画法のソフトが，ようやく大域的な最適解を求める機能をサポートし始めた(Schrage, 2003)[20]．

（2） 数理計画法研究の異なった2タイプ

MPは，生産計画，配合問題，輸送計画やポートフォリオ分析などの現実的な問題をモデル化し(Schrage, 1981)[19]，その解決策の提案に役立ってきた．これらMPで初めてアプローチされ，解決できた．

これに対してPERT(プロジェクト管理手法)のように，最初はMPで定式化されたわけでないが，後になってMPでも定式化できることがわかったモデルもある．この範疇に，回帰分析や判別分析などの統計モデルがある(第1章参照)．回帰分析の最小自乗法は，QPで定式化できる．誤差の絶対値の和を最小化するLAV回帰分析は，LPで定式化される．そして誤差の絶対値のp

乗の和を最小化する L_p 回帰モデルも，NLP で定義できる．『SAS による回帰分析の実践』(Sall, 1986) には，1.5 ノルム回帰モデルなどが紹介されている[17]．

(3) MP による判別分析へのアプローチ

1970年代以降，回帰分析の自然な延長線上で判別分析を MP で定式化する研究が行われてきた．特に LP の計算速度が速いため，LAV 回帰分析の延長線上にある L_1 ノルム型の判別モデルの研究が多い．

グローバー (1990) は，これらの研究成果を総轄している[21]．しかし，L_1 ノルム型の研究の多くは単にモデルの提案にとどまり，実データによる評価をほとんと行っていない．これは，QP で定式化できるノーベル経済学賞を取ったポートフォリオ分析を例に取れば，理論(あるいはモデル)が重要であり，モデル開発者に実証研究が要求されてこなかったこの分野の伝統のためと考える．また，判別分析への新しい貢献が不明であった．

(4) 新村の3原則

一方，スタム (1997) は，L_1 ノルムを拡張した L_p ノルム型の研究を総括する論文の中で，「なぜ L_p 判別モデルが統計ユーザーに使われないか」という真摯な問題提起を行っている[31]．

しかし，L_1 や L_p 判別モデルの研究者は，基本的な間違いをしていると考える．これまで MP は，例えば「配合問題」であれ，近年注目の「ポートフォリオ分析」であれ，MP 独自の研究であった．しかし判別分析は，すでに統計学が確率分布を基本に精緻な理論を構築してきており，後追いの研究である以上，既存の判別手法と比較して以下の新村の3原則を満たしているか示す必要がある．

① 判別理論に何か新しい知見をつけ加えているのか．
② 既存の判別手法に比べ，納得のいく Internal Check (「教師データ」の評価) と External Check (SVM でいう汎化能力) の成果が得られるのか．
③ 既存の判別手法に比べ，計算時間などで見劣りがしないのか．

2.1 数理計画法による最適線形判別関数の研究　65

（5）　多くの研究者を魅惑した SVM

　これまでの L_1 や L_p 判別モデルのいきづまりを打開すべく，1990年代にSVM が提案された．ハードマージン最大化 SVM(H-SVM)は，線形分離可能なデータに対して，パターン認識で研究されてきたマージン概念を用い，マージン最大化基準を取り入れた．これと並行して汎化能力の検証，すなわち統計でいう External Check(「評価データ」による検証)を行っている．

　しかし，現実の問題は線形分離可能なことは少ないので，線形分離不可能な場合に，ソフトマージン最大化 SVM(S-SVM)が提案された．さらに，カーネル・トリックという魅力ある理論(非線形SVM)で，非線形判別まで扱えるようになった．また，単なるモデルの提案にとどまらず，種々のデータによる実証研究を行っている点が，これまでの L_1 や L_p ノルム型の判別研究と異なっている．

（6）　本書で提案する線形判別関数

　一方，筆者は1970年代に MNM 基準を用いたヒューリスティックな最適線形判別関数(OLDF)の研究を行った(Shinmura & Miyake, 1979；三宅・新村, 1980)[32],[33]．

　1997年に MNM 基準による判別モデルが IP で定式化できることに気付いて，IP-OLDF を提案した(新村, 1998; 新村・垂水, 1999)[34],[35]．そして，その後 L_1 ノルム判別モデルの一種である LP-OLDF，高速な近似解法の IPLP-OLDF，IP-OLDF の問題点を解決する改定 IP-OLDF を提案してきた．さらに，改定 LP-OLDF と，改定 LP-OLDF で特定のケースを SV に逐次選ぶ S-SVM の新手法(逐次改定 LP-OLDF)を開発した．

　本書では，これらのモデルを通して，MP による判別モデルを概観する．さらに，線形分離可能なデータにおける逐次変数選択法の問題点と新しい変数選択法の提案を行う．

2.2 MNM 基準による判別分析

2.2.1 ヒューリスティック OLDF の研究

三宅と新村は，判別分析の標本誤分類確率と母誤分類確率の関係を研究していた．この研究の結論は，説明変数が多いほど，2群の標本数が少ないほど，標本誤分類確率は母誤分類確率に比べ小さくなる傾向があるという点である．一般に，少ない標本で多くの説明変数を用いて得られた判別関数は，「評価データ」で過大評価される（汎化能力が劣る）という統計の常識を例証した研究である．

この時期，『IEEE』に載った Warmack & Gonzalez の論文 (Warmack & Gonzalez, 1973) では，各種の判別基準を用いた判別手法の比較を行っていた[36]．筆者らはこの論文に刺激を受けて，MNM 基準を用いたヒューリスティックな OLDF の研究を行った[32]．この当時，MNM 基準は「教師データ」で良い結果が得られても「評価データ」の結果が悪くなる（汎化能力が悪い）と考えることが，根拠はないが統計的な常識であった．

しかし，従来の確率分布に基づくアプローチ以外の研究も重要と考えて論文を提出したが，この点で却下されることが多かった．結局のところ，英語論文2編と和文論文1編を出したが，ヒューリスティック手法であったことと，CPU の計算能力が劣っていたことなどから研究に行き詰った (Shinmura & Miyake, 1978；三宅・新村，1980)[33], [34]．

以下で，MNM 基準による判別関数の考え方を紹介する．

2.2.2 データ空間による判別関数

線形判別関数は，式(2.1)で表される．定数項の a_0 が0でない場合，a_0 で割った定数項が1の式(2.2)を考える．式(2.2)の判別得点は，単に式(2.1)の判別得点を a_0 で割っただけで比例関係にあり，$f(x) > 0$ をクラス1とし，$f(x) < 0$

をクラス2と判別する限り，判別結果に影響しないが，判別係数の信頼区間を求める際のネックになると考えられる．

$$f(x) = a_1x_1 + a_2x_2 + \cdots + a_px_p + a_0 \tag{2.1}$$

$$f(x) = a_1x_1 + a_2x_2 + \cdots + a_px_p + 1 \tag{2.2}$$

判別得点が0になる判別超平面$(f(x) = 0)$は，データ空間を2つの半空間に分割するが，どちらのクラスと判定するかは判定不能であった．

クラス1に属するケースの場合は$y_i = 1$として，クラス2に属するケースの場合は$y_i = -1$とする．この表記法を用いて，$y_i * f(x) > 0$になる半空間を「データ空間の＋半空間」，$y_i * f(x) < 0$になる半空間を「データ空間の－半空間」と呼ぶことにする．$y_i * f(x) > 0$になる＋半空間はケースxを正しく分類し，$y_i * f(x) < 0$になる－半空間はケースを誤判別することになる．ケースx_iが＋半空間にあれば正しく判別されたグループ(Classified Gruop, CG)とし，－半空間にあれば誤判別されたグループ(Misclassified Group, MG)とし，判別超平面上$(f(x) = 0)$にあれば**判定保留グループ**(Indefinit Gruop, IG)とする．

これまで，次の点が未解決であった．

① 未解決1：a_0が0の場合の対応は未検討である．
② 未解決2：判別超平面上のケース(IG)の取り扱いは未解決である．多くの研究では，どちらか一方のクラスに正当な理由もなく判別している．
③ 未解決3：定数項を1に固定することの意味付けが未検討である．

2.2.3 判別係数の空間による判別関数

線形判別関数の定数項を1に固定するか固定しないかで大きな違いが出てくることを，以下に示す．

(1) 定数項を1に固定する

任意の判別係数bをもつ判別関数を考える．クラス1とクラス2のケース数

を $n(= n_1 + n_2)$ として,次の n 個の線形式(2.3)をデータ空間で考える.

$$H_i(b) = b'x_i + 1 \qquad (2.3)$$
$$= x_i'b + 1 \qquad (2.4)$$

x_i と b は定数項が1に固定されているため交換可能であり,形式的に式(2.4)を考えることもできる.式(2.4)は判別係数の p 次元空間で,n 個のケース x_i の値を係数とする線形式である.あるいは,$H_i(b) = b'x_i + 1 = 0$ とおけば,データ空間でケース x_i を通る判別超平面になる.

一方,式(2.4)で $H_i(b) = x_i'b + 1 = 0$ とおけば,判別係数の空間を2分割する超平面になる.もし $y_i * (x_i'b + 1) > 0$ ならば,この半平面を「**判別係数の空間の H_i による＋半平面**」と呼ぶことにする.$y_i * (x_i'b + 1) < 0$ ならば,この半平面を「**判別係数の空間の H_i による－半平面**」と呼ぶことにする.

H_i の＋半平面にある任意の点 b は,$y_i * (b'x_i + 1) = y_i * (x_i'b + 1) > 0$ なので,データ空間でケース x_i を正しく判別する判別関数の一つになる.一方,b が H_i の－半平面にあれば,$y_i * (b'x_i + 1) = y_i * (x_i'b + 1) < 0$ なので,データ空間でケース x_i を誤判別する判別関数の一つになる.

すなわち,「**判別係数の定数項を1にすることで初めて,p 次元のデータ空間と p 次元の判別係数の空間の両方で考える**」ことができる.

(2) 定数項を1に固定しないことの不覚

多くのパターン認識の判別分析の研究(石井他,1998)でも,判別係数の空間で議論されている[37].しかし,定数項を任意の実数として定式化し,$H_i(b) = b'x_i + b_0$ を定数項を含む $(p + 1)$ 次元の判別係数の空間の超平面と考えている.この場合,この超平面は全て原点を通り,判別分析の理論に何も新しい知見を加えてこなかった.定数項を1にすることで,p 次元のデータ空間と説明変数の空間の両方で判別関数を考えることができる.そして,「**最適凸体**」や「**MNM の単調減少性**」や「**統計的判別関数は線形分離可能なデータを認識できない**」という新しい知見をえることができた.

2.2 MNM基準による判別分析

(3) 最適凸体という新しい概念

p 次元の判別係数の空間は，n 個の $H_i = 0$ で有限個の凸体に分割される．一つの凸体の内点 b は，n 個の線形式で作られる超平面の＋半平面か－半平面のいずれかに含まれる．そして，この b を判別係数とする判別関数は，データ空間で－半平面に対応したケースを誤分類し，＋半平面に対応したケースを正しく分類することになる．すなわち，一つの凸体の内点は同じケースを誤分類するので，判別関数として同値と考えることができる．これは，原始的な**信頼区間**の概念と考えてよいだろう．

また，判別係数の空間は有限個の凸体に分割されるので，必ず誤分類数が最小の凸体(**最適凸体**と呼ぶ)がある．MNM 基準による最適線形判別関数は，結局この最適凸体の内点を求めることになる．

2.2.4 2次元における3個のケースの判別例

(1) 簡単な例

今，2個の説明変数で次の3ケースを判別することを考える．

CLASS 1 : $z_1 = (-1/18, -1/12)$,

CLASS 2 : $z_2 = (-1, 1/2)$, $z_3 = (1/9, -1/3)$

図 2.1 に示す通り，3つの線形式は次のようになる．

$H_1 = -(1/18) * b_1 - (1/12) * b_2 + 1 = 0$,

$H_2 = -b_1 + (1/2) * b_2 + 1 = 0$,

$H_3 = (1/9) * b_1 - (1/3) * b_2 + 1 = 0$

H_i 上の判別係数を用いると，ケース z_i が **IG**(判別得点＝0)に属し，その他のケースは **CG**(判別得点＞0)か **MG**(判別得点＜0)に属する．

H_i と H_j の交差する凸体の頂点を，H_{ij} と呼ぶことにする．H_{12} と H_{13} と H_{23} に対応する頂点は，それぞれ $b' = (21/4, 17/2)$, $(9, 6)$, $(2, 4)$ になる．例えば H_{12} に対応する判別関数 $(f(z) = (21/4) * x_1 + (17/2) * x_2 + 1)$ は，データ空間でケース z_1 と z_2 を通る判別超平面になり，これらのケースは **IG** に属する．一方，

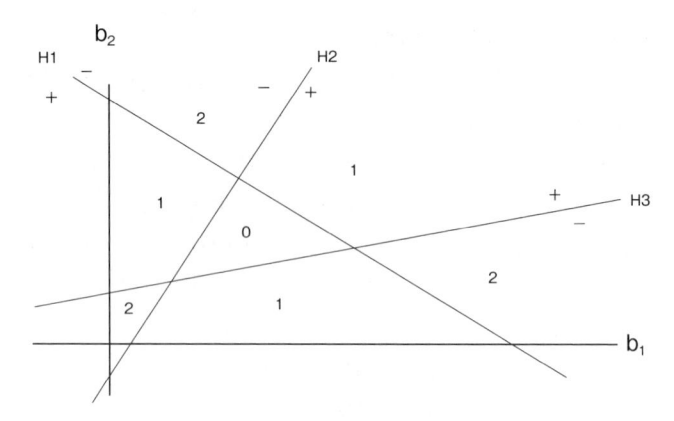

図2.1　3件のケースによる判別係数空間の最適凸体

それ以外のケースはCGかMGのいずれかに属する．この例では，ケースz_3はCGに属する（正しく判別する）．

これを，判別得点が0か正（+）か負（-）の記号を用いて，$(H_1, H_2, H_3) = (0, 0, +)$と表すことにする．$H_{13}$は$(H_1, H_2, H_3) = (0, +, 0)$，$H_{23}$は$(H_1, H_2, H_3) = (+, 0, 0)$になる．すなわち，凸体の頂点（と辺，稜）に対応する判別係数は0になる．

(2) 新知見1

しかし，凸体の内点を選べば，全てのケースはCGかMGのいずれかに判別され，判定不能の0は+か-に代わる．

【新知見1】 ケースがIGに属する場合の取り扱いが，判別分析の研究では不明であった．これは，判別係数の空間で考えると凸体の頂点か，辺か，稜上の点を判別係数として選んだ場合である．凸体の内点を選べば，全てのケースはCG(+)かMG(-)に分類される．たとえ偶然に内点以外の点を選んでも，判別境界点を少しずらすことで，凸体の内点に移り，全てのケースは必ずCGかMGになる．

ただし，複数の凸体が同じ頂点を共有するので，誤分類数の一番少ない凸体の内点を選ぶ方法が確立されていない．統計ソフトの開発企業の研究課題かもしれない．

図 2.1 の 2 次元の判別係数の空間は，3 個のケースで 7 個の凸体に分割される．内部に記した数字は**誤分類数**(Number of Misclassifications, **NM**)である．図の三角形の誤分類数が 0 で，MNM なので，この三角形が**最適凸体**になる．

（3） 最適凸体の内点と頂点の違い

最適凸体の内点は，データが Haar 条件を満たす(パターン認識では**一般位置にある**)場合[38]，$(H_1, H_2, H_3) = (+, +, +)$ になる．もし最適凸体の内点が H_1, H_2, H_3 のいずれかの − 半平面の側にあれば，この超平面の反対側の凸体の誤分類数は 1 少なくなり，最適凸体の定義に反することになる．

最適凸体の H_1 の反対側にある凸体は，$(H_1, H_2, H_3) = (-, +, +)$ になり MNM = 1 である．同様に，H_2 と H_3 の反対側にある凸体は，$(+, -, +)$，$(+, +, -)$ で全て MNM = 1 になる．三角形の辺 H_1 では $(H_1, H_2, H_3) = (0, +, +)$，$H_2$ では $(+, 0, +)$，H_3 では $(+, +, 0)$ になる．H_{12} と H_{13} と H_{23} に対応するそれぞれの頂点は，$(H_1, H_2, H_3) = (0, 0, +), (0, +, 0), (+, 0, 0)$ になる．

すなわち，全ての標本判別関数はケースを CG(+)，MG(−)，IG(0) に分類するので，高々 3^n の判別結果の組合せになる．一般的には LDF などはケースを **IG(判定不能)** にすることは稀であるが，MP 判別関数はケースを必ず判別超平面に選ぶので IG に属するものが現れる．この点から，MP 判別関数では，IG の取り扱いが特に重要になる．これまでの研究では，この点に関する考察がなかった．

（4） データが一般位置にない場合

次に，$z_4 = (-4/21, 0)$ と $z_5 = (0, -2/17)$ をつけ加える．これらは図 2.1 で H_{12} を通る垂線 ($b_1 = 21/4$) と，水平線 ($b_2 = 17/2$) になる．これが Haar 条件を

満たさない状況である．$b_1 = 21/4$ は最適凸体を2分割するので，どちらかが MNM = 0 の最適凸体になる．$b_2 = 17/2$ をつけ加えた場合，下側が＋であれば最適凸体は影響を受けない．しかし－になれば，現在の最適凸体の誤分類数は1になり，時計回りに1, 2, 1, 2, 1, 2に変わる．すなわち MNM = 1 の最適凸体が3個現れる．

そして困ったことに，頂点 H_{125} では $(H_1, H_2, H_3, H_5) = (0, 0, +, 0)$ になる．IP-OLDF の目的関数は，判別超平面上にある3個のケース x_1, x_2, x_5 を無条件に正しく判別されたとみなす．そして，MNM = 0 という間違った答えを返す．しかし，元の三角形から時計まわりに選んだ凸体の内点で判別すると，(＋, ＋, ＋, －), (＋, －, ＋, －), (＋, －, ＋, ＋), (－, －, ＋, ＋), (－, ＋, ＋, ＋), (－, ＋, ＋, －) の判別結果になる．

第3章で解説する「学生データ」では，$p = 2$ の場合に判別超平面上に合格群に属する7人と不合格群に属する3人の計10人がくる．この頂点に関係する凸体の中に最適凸体はなく，他にあるため，IP-OLDF は対応できないことがわかった．

2.2.5　定数項の役割

判別分析の多くの研究が間違ったのは，次の3点である．
① MNM 基準による判別関数を研究しないで，フィッシャーの仮説で研究を行ってきたこと．
② 重要な判別超平面上のケースの扱いを考えてこなかったこと．
③ 判別関数の定数項の役割がわからなかったこと．

IP-OLDF で定数項を1に固定して考えることで，判別関数を**データ空間**と**判別係数の空間**の両方で分析し，次に紹介する各種の新しい知見がわかった．

（1）　定数項が正と負のモデル

実は，定数項を1に固定した正のモデルの他，－1に固定した負のモデルの

2.2 MNM 基準による判別分析 73

両方を解く必要がある．これは，$f(x) > 0$ ならクラス 1，$f(x) < 0$ ならクラス 2 と，事前にわれわれが判別ルールを決定できないからである．これはデータのみぞ知ることである．

（2） 定数項の役割

図 2.1 は，定数項を 1 に固定した判別係数の空間である．定数項を非負の a_0 に固定した場合はどうなるのであろうか．実は，この説明は非常にわかりやすいが，それに気付くまでに時間がかかった．単に次の式のように変形すればよいだけである．

$$f(x) = a_1 x_1 + a_2 x_2 + \cdots + a_p x_p + a_0$$
$$= a_0 * (b_1 x_1 + b_2 x_2 + \cdots + b_p x_p + 1)$$

すなわち，定数項を非負の a_0 に固定した場合は，単に図 2.1 を a_0 倍に相似変換すればよい．各座標軸の交点が a_0 倍になる．

a_0 を 0 に収束していけば，全ての線形超平面は原点を通ることになる．

次に，a_0 を 0 から負にしていけば，定数項を 1 に固定した「**正のモデル**」の判別係数の空間と異なった，−1 に固定した「**負のモデル**」による判別係数の別空間とその相似な空間になる．

すなわち，判別係数の空間は定数項が正と 0 と負の 3 つの異なった凸体で分割された p 次元空間になる．

もし，LDF の判別超平面にケースを含まない場合は，必ずどこかの凸体の内点に対応する．一方，ケースを含む場合，誤分類数を正しい値に修正する必要がある．これは全ての線形判別関数が解決しなければいけない難問である．そして最適凸体と LDF などで選ばれた凸体の離れ具合が，**正規性からの乖離**を表す指標である．

パターン認識では，定数項を含めた $(p + 1)$ 次元の拡大された判別係数の空間を考えている．しかしこの場合，本研究のような新しい事実が発見できないわけである．

2.3 12年間の判別研究のポイント

2.3.1 12年間の研究経過

（1） IP-OLDF による研究の経緯

筆者が1998年に岡山大学で学位を取得するに際して，1990年代後半以降，商用の数理計画法ソフトウエアでIPの計算速度が劇的に改善されたことを背景に，中断していたMNM基準によるヒューリスティックなOLDFに代わって，MNM基準による最適線形判別関数がIPで定式化できることを直感して，MNM基準によるIP-OLDFと，このモデルからL_1ノルム型のLP-OLDFを提案した．

そして，「アイリスデータ」と「CPDデータ」を「教師データ」とした検討を行った[34]．また115組の「2変量正規乱数データ」を用いて内部標本と外部標本を作成し，IP-OLDFとLP-OLDFを既存の判別手法(LDF, QDF)で比較検討を行った(新村・垂水, 1999)[35]．この結果，判別分析に関していくつかの新しい知見が得られたが，「学生データ」という取るに足らないデータで，IP-OLDFの問題点もわかった(新村, 2002a – 2002e)[39]～[43]．また，計算を早くするIPLP-OLDFを開発した[44]．

（2） 改定 IP-OLDF による研究

IP-OLDF は，数理計画法の特徴として内部標本のケースを判別超平面に選ぶことで解が求まる．これらのケースの判別得点が0になり，判別係数の空間で考えると，凸体の頂点を選んだことになる．この頂点に対応した判別超平面上には，データが一般位置(Haar 条件を満たす)にある場合に，説明変数の数pと同じケースがあり，必ず最適凸体の頂点になっている．この場合，第2段階で最適凸体の内点を選べば，これらのp個のケースは正しく分類され，IP-OLDF の求めた目的関数の値は正しい MNM の値になる．

しかし，データが一般位置にない場合，IP-OLDF は判別超平面上に$(p + 1)$

個以上のケースをもつ頂点を選ぶことがある．この場合は，この頂点が最適凸体の頂点か否かは個別に判断する必要がある．

この点は，パターン認識の論文では一般位置を前提とし，一般位置にない場合を除外して議論を進めることが多く，この分野で共通して見過ごされてきたことがわかる．「学生データ」は，一般位置にないデータの代表であり，一般位置にないデータに対し対応できない IP-OLDF のような手法の問題点を明らかにする「検証データ」として意義があることがわかった．

その後，計算時間を早める工夫として，研究協力者のシカゴ大学のシュラージ (L. Schrage) 教授のアドバイスで，BigM 定数をモデルに取り入れた**改定 IP-OLDF** を考えた．このモデルは実は SVM 研究と同じく，パターン認識で一般的であったマージン概念を自然に取り入れたモデルであり，「**BigM 定数のおかげで最適凸体の内点を直接求めるので，一般位置になくても誤った解を選ぶことがないことがわかった**」(新村，2007)[45]．

（3）　今回新しくわかった点

改定 IP-OLDF のブレイクスルーで，改定 IP-OLDF と SVM を比較研究することにした．この研究を通して，「**IP-OLDF や LP-OLDF のようなマージンを考えない数理計画法による判別関数は選ばれた判別超平面上にケースを，そしてマージンを考えた改定 IP-OLDF や S-SVM は SV 上にケースがくる**」という当たり前のことを再発見した．

また，S-SVM でペナルティ c を大きくすると改定 LP-OLDF の分析結果と一致し，ペナルティ c を 0 に向け小さくしていくと，SV はデータ空間でマージンを増加しながら SV 上のケースを逐次選択していく手法であることがわかった (新村，2006)[46]．そこで，S-SVM を計算時間のかかる QP でなく，逐次的に改定 LP-OLDF 法の SV に選ぶケースを適切に選んで固定することで実現する，高速なアルゴリズム (逐次改定 LP-OLDF) を開発した．

さらに，「銀行データ」と「学生データ」で検証を行ったところ，まれに MNM を得ることもあることがわかった．そのプログラム化を行う必要がある

と考えたが，全ての線形判別関数が MNM 基準による最適線形判別関数より，「教師データ」と「評価データ」の両方で判別成績が悪いので，最終的にプログラム化は不要と判断した．

一方，「銀行データ」は逐次変数選択手法や Cp 統計量などで5変数あるいは6変数のモデルが選ばれる．しかし，散布図でほぼ2変数で判別できることが知られている(後藤, 2002)[47]．この点に関して，統計の知識ではうまく説明できなかった．

しかし，上昇基本系列の MNM は，$2\rightarrow 0\rightarrow 0\rightarrow 0\rightarrow 0\rightarrow 0$ と単調減少するので，このデータは2次元で線形分離可能なデータであることが IP-OLDF の分析でわかった．パターン認識では，線形分離なことがわかれば，その次元で判別すればよい．しかし，逐次変数選択は，追加した変数の偏差平方和の増分に意味があるか否かでモデルの選択を行っている．このため，線形分離可能なデータを認識できないようだ．

2.3.2 本研究に関連するモデル

ここでは，本書で取り上げる8個のモデルを紹介する．

(1) IP-OLDF

class1 に属するケースの y_i の値(目的変数)を1とし，class2 に属するケースの y_i の値を -1 とすれば，IP-OLDF は式(2.5)のように定式化される．$(x_i' b + 1)$ は判別得点になる．e_i は 0/1 の決定変数を表す．

$$\begin{aligned}
&\text{MIN } \Sigma e_i \\
&y_i * (x_i' b + 1) >= -e_i \quad (2.5)\\
&x_i = (x_{i1}, x_{i2}, \cdots, x_{ip}), \\
&y_i = 1 \text{ for } x_i \in \text{class1}, \; y_i = -1 \text{ for } x_i \in \text{class2}
\end{aligned}$$

b：p 次元判別係数ベクトル，e_i：各 x_i に対応した 0/1 決定変数

誤分類されるケース(**MG**)に対して，0/1 の整数変数の e_i を1にすることで，

判別超平面を 0 から $-e_i$ に制約条件を緩める．正しく判別されるケース(**CG**)と判別超平面上のケース(**IG**)は，e_i を 0 にして制約式の右辺定数項を 0 に固定する．この場合，IG のケースが何の根拠もなく正しく判別されたとみなしている点に問題がある．そして，目的関数で見かけの誤分類数(Σe_i)を最小化することで，最適凸体の頂点が得られると考えた．すなわち IG のケースに対して，$e_i = 0$ としていることが問題になる．

しかし，IP-OLDF で次の新事実がわかった．

① 【**新知見 2：判別係数の定数項の役割**】　数値計算上の問題として，マージンを考えない数理計画法による判別関数では，定数項を含む$(p+1)$個のパラメータに関し，何らかの制約を課さないと解が求まらない．Liittschwager & Wang モデルは，任意の判別係数か定数項のいずれかを 1 にしないで，この制約の入れ方を間違って定式化したわけである．この場合，p 個ある判別係数の 1 個を恣意的に固定するより，IP-OLDF のように定数項を固定する方が理にかなっている．

IP-OLDF では，判別関数の定数項を 1 に固定している．しかし，実証研究を行うとすぐに正しい解が得られないことがわかる．そこで，-1 に固定したモデルの両方を解く必要があることに気付く．これは，$f(x) > 0$ をクラス 1，$f(x) < 0$ をクラス 2 と勝手に決めることができないためである．判別得点の正と負のいずれをクラス 1 に決めるかは，実はデータが決めることであり，分析者が前もって決められないためである．

次に，式(2.5)で定数項を 1 に変えて特定な b_0 で固定したモデル($x_i{}' b + b_0$)を考える．定数項を 1 に固定したモデルと比較すると，一次式の各切片が b_0 倍されたものであることがわかる．すなわち図 2.1 の凸体は，($x_i{}' b + b_0$)では b_0 倍に相似変換したものになる．そして，b_0 が無限大から 0 に収束していくと H_i と各座標軸の交点は 0 に収束し，H_i で表される超平面は全て原点を通る．その後，b_0 をマイナス無限大に減少していくと，定数項が負の世界で別の相似する凸体の世界が現れる．

定数項が 0 の場合は，p 個の判別係数の 1 個に制約を課す必要があり，それ

が定数項と同じ役割を果たすことで，1次元退化した$(p-1)$次元の判別係数の空間を考えることになる．

② 【新知見3：一般位置との関係(Haar条件)】

ケース数がnで説明変数がpの$(n*p)$のデータ行列において，任意の$(k*k)$の小行列が退化していないとき，データはk次で一般位置にある(Haar条件を満たす)という[38]．今，p変数の判別モデルを考えているので，任意の$(p*p)$の小行列が退化していない場合，p次の一般位置にあるデータということになる．

IP-OLDFは，p次元の判別係数の空間で考えると，最適凸体の頂点を求めることに対応している．頂点に対応した判別関数は，データ空間で考えると，データが一般位置にある場合には判別超平面上にp個のケースがあるが，これらは内点に対応した判別関数で正しく分類される．データが一般位置にない場合は$(p+1)$個以上のケースがあるが，これらは内点で正しく判別されるか誤判別されるか個別に判定する必要がある．

この分野の多くの研究では，データが一般位置にあることを仮定している．しかし，実際は一般位置になくても，選んだ凸体の頂点に関係したケースだけが一般位置にあれば影響はない．そこで，「アイリスデータ」，「CPDデータ」，「銀行データ」をIP-OLDFで解析しても，大きな問題にならないと考えた(実は単なる理解不足)．

しかし，「学生データ」は説明変数が整数値であること，さらに同じ説明変数の値をもつ複数の学生が多いという特徴がある．このため，IP-OLDFの選んだ判別超平面上に10人の学生(合格7名，不合格3名)がくる．残り30人の学生に対して，4人の学生が誤分類され，これが間違った最適凸体の頂点として選ばれた．判別超平面上に2人だけがいる場合は，この2人は内点を用いれば正しく判別されるので，頂点解の目的関数の値が正しいMNMになる．今回の例では，10人の学生を合格と判別すれば少なくとも3名が誤分類され，実際の誤分類数は4でな

2.3 12年間の判別研究のポイント

く7に増える．このため，IP-OLDF が最適解として選ばなかった誤分類数が5か6の解の中に実は最適凸体があることが，長い試行錯誤の後でわかった．結局 IP-OLDF の頂点解は間違った解を選んだが，得られた解から真の最適凸体を探す方法が半年以上わからなかった．

（2） LP-OLDF

LP-OLDF は，単に計算時間が速いというだけで，数多くの研究成果のある LP による判別関数の一種である．式(2.5)の e_i を，0/1 の整数変数から非負の実数値を取る決定変数に変えただけである．LP-OLDF は，誤分類されるケースの判別超平面からの距離の和を最小化している．数理計画法による判別関数で一番研究が多い，L_1 ノルム型のモデルの一種である．しかし，これらの LP による定式化が何に役立つのか，あるいは汎化性が良いか否かの検討がこれらの研究に乏しいということである．

（3） IPLP-OLDF

IP-OLDF の一つの問題は，IP を使っているために計算時間がかかることである．そこで最初に LP-OLDF を適用し，得られた解を参考に探索空間を狭めて，次に IP-OLDF を適用することで高速化を図った．すなわち，LP-OLDF の判別超平面で CG と IG になるケースの e_i を第2ステップで0に固定して，残りの MG の e_i だけを 0/1 の整数変数に変更して IP-OLDF を解く．これによって「CPD データ」の 40 モデルが，当初 IP-OLDF で累積1万時間以上かかったが，多くのモデルが 20 秒以内で計算できた．また2モデルだけで MN が MNM より1例だけ悪かった．

すなわち，今回考えた判別モデルの中で役に立たないと考えた LP-OLDF の **MG のケース**が IP-OLDF の MG のケースを包含することが多く，LP-OLDF で決定された **CG と IG のケースを0に固定する**ことで IP-OLDF の探索領域を狭めることに役立つことがわかった．

(4) 改定 IP-OLDF と改定 LP-OLDF

改定 IP-OLDF は,パターン認識で古くから考えられているマージン概念を取り入れて,次のように定式化する.そして BigM 定数によって,2つの SV の間にケースが含まれず,従って判別超平面にケースは含まれない.これによって,IP-OLDF の判別係数の空間で考えると,最適凸体の内点が1ステップで求まることがわかる.また,IP-OLDF のように2つの定数項モデルを解く必要がなくなった.さらに,SV 上にケースを固定するので,定数項か判別係数に制約を課すことが必要でなくなった.しかし,この定式化を最初に気付いていたら,判別関数の新知見は一切わからなかったという点が重要である.

この判別関数を用いて,S-SVM やロジスティック回帰との比較や,「評価データ」による検討が行えることになった.

$$MIN\ \Sigma e_i$$
$$y_i * (x_i' b + b_0) >= 1 - M * e_i \qquad (2.6)$$
$$M:1000000\ の定数(BigM\ 定数)$$

改定 LP-OLDF は,式(2.6)の e_i を 0/1 の整数変数から非負の決定変数に変えただけである.

(5) SVM

S-SVM は次のように定式化できる.

$$MIN\ \|b\|^2 /2 + c\Sigma e_i$$
$$y_i * (x_i' b + b_0) >= 1 - e_i \qquad (2.7)$$

class1 と class2 が線形分離可能な場合,図2.2 のマージンを取った2つの SV で完全に分離できる.そして,2つのマージン間の距離を最大化する SV と判別超平面を求める手法が,ハードマージン最大化 SVM(H-SVM)である.式(2.7)の目的関数でペナルティ $c = 0$ にしたものである.

線形分離可能でない場合,いくつかのケースが SV の反対側にケースがくることを認め,その距離 e_i の和(L_1 ノルム)の最小化とマージンを最大化する2目的最適化になる.式(2.7)の目的関数の2番目の項にある Σe_i は,SV の反対

図2.2 SVMのマージン概念

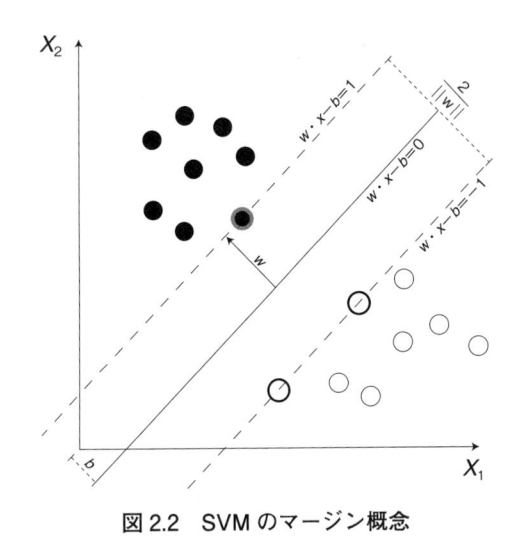

側にくるケースの距離の和であり，cはペナルティ（2目的最適化を単目的化するための重み）を表す．e_iが正になるものを認めることで，全てのケースが見かけ上線形分離可能になる．そして式(2.7)の第1項でマージン最大化を行っている．

H-SVMは，MNMが0の最適凸体を認識できる．しかしS-SVMは，線形分離可能な空間を必ずしも認識できない．またe_iが1になれば，判別超平面上にケースがくる（$|1-e_i| \leq 10^{-6}$）．そして目的関数が誤分類数を最小化しているわけではないので，当然のことであるが最適凸体を必ずしも選ばない．

(6) 高速 S-SVM（逐次改定 LP-OLDF）

S-SVMは，QPで定式化されているので大規模な問題で計算時間がかかる．また，ペナルティcのチューニングも客観的でないことである．しかし，SVMに限らず数理計画法による全ての線形判別関数は，判別超平面かSVに必ず「教師データ」のケースを含むという特徴がある．このため，SVを拘束

するケースをうまく組み合わせて選択することで，改定 LP-OLDF を逐次適用する逐次改定 LP-OLDF で置き換えが可能になる (新村，2006)[46]．

逐次改定 LP-OLDF は，S-SVM のペナルティ c の値を 10^6 から 10^{-6} まで 13 段階で変えた結果よりも良かった．場合により，改定 IP-OLDF と同じ結果 (MNM) が得られた．すなわち，SV に拘束される全てのケースの組合せを考えると，全ての数理計画法による線形判別関数の解を得ることができる．しかし，そのような努力をしても，改定 IP-OLDF の MNM より良い解が得られるわけではないので，プログラム化は中止した．

2.4 MNM の有用性

MNM 基準による最適線形判別関数は，「評価データ」で誤分類確率が悪くなると考えられ，多くの統計家には受け入れがたい基準である．しかし，予想に反して種々のデータによる検証で汎化能力は高いことがわかった．また，現在統計的アプローチで指摘されなかった次のような新しい利点がわかっている．

（1） 正規性からの乖離

判別する 2 群がフィッシャーの仮説を満たせば，得られた LDF の NM は MNM に等しくなる．すなわち，LDF の NM が MNM から乖離するほど，データがこの仮説から乖離していることになる．

この点に関しては，実データと分散共分散行列が等しい 2 万件の正規乱数データを作成し，実データを「教師データ」とし乱数データを「評価データ」として分析した結果が裏付けられた．実データで得られた LDF を「評価データ」に適用したところ，「評価データ」の誤分類数が少ない結果が多く現れた (新村・ユン，2007)[48]．これは，実データから計算された分散共分散行列そのものが母集団であり，2 万件の正規乱数はそこから忠実にサンプリングした標本であり，実データは単に分散共分散行列が等しいだけの偏った標本に過ぎない．LDF はこの多次元正規分布の分散共分散行列から計算され，正規乱数

データの方が正規性からの乖離が少ないので，実データより誤分類数が少なくなるのことは理にかなっている．

（2） MNM による他の判別手法の評価

これまで新規に提案されたモデルは，判別成績の良い説明変数のモデルで検証されることが多かった．しかし，判別成績の悪いモデルでも検証すべきであり，できれば全ての説明変数の組合せモデルで検証すべきである．「アイリスデータ」，「銀行データ」，「学生データ」ではこれを行ってきた．「CPD データ」は，約 52 万個のモデルがある．そこで，逐次変数選択法などで代表的な 40 モデルを選んで評価に用いた[49]．

この結果，各判別手法の優劣が明らかになった．また 2 次判別関数は多重共線性の影響を強く受けることがわかった．

さらに，実データと 2 万件の正規乱数データの比較において，従来の判別手法に加えて非線形 SVM との比較を行った．図 2.3 に示す通り，「評価データ」で非線形 SVM の汎化能力が悪い例を見付けた．この理由は，今後の検討課題

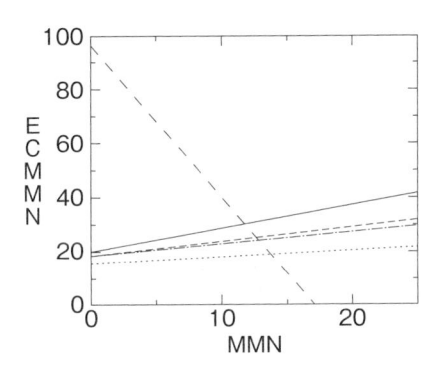

図 2.3　CPD と同じ分散共分散行列をもつ 2 万件正規乱数データにおける非線形 SVM の挙動

(注)　右下がりの大きな破線は非線形 SVM で，他の判別関数より評価データによる成績が MNM の少ないモデルで特に悪い．実線は改定 IP-OLDF，その下は順に S-SVM，多重ロジスティック，LDF．

であるが，中山弘隆甲南大学教授の意見に従えば，「非線形 SVM のチューニングの問題」であろうと考えられる．

（3） MNM の単調減少性

p 変数モデルの MNM を MNM_p と表すことにする．このモデルに 1 変数追加した $(p+1)$ 変数モデルの $\mathrm{MNM}_{(p+1)}$ は，必ず減少する．

$$\mathrm{MNM}_p \geq \mathrm{MNM}_{(p+1)}$$

証明は簡単である．追加した説明変数の判別係数を 0 とすれば，その $(p+1)$ 変数モデルの NM は MNM_p になる．よって，$(p+1)$ 変数モデルの $\mathrm{MNM}_{(p+1)}$ は MNM_p より小さいか等しい．これによって，変数増加法で選ばれるモデルの MNM も単調に減少することになる．

（4） 線形分離可能な最小次元のデータ空間の発見

改定 IP-OLDF と H-SVM は，線形分離可能な最小次元のデータ空間を発見できる．もし，線形分離可能な最小次元の空間がわかれば，MNM の単調減少性からその変数を含む判別モデルは全て線形分離可能(MNM = 0)である．また，追加した説明変数の判別係数を 0 にしたものと同値である．

「銀行データ」は，逐次 F 検定や AIC では 5 変数モデルが選ばれるが，ヒストグラムや 1 変数のロジスティック回帰では，1 変数で誤分類数は 0 ではないが十分判別可能なことがわかる．統計では，この点に関して明快な説明ができなかった．しかし，このデータは 2 次元で線形分離可能であるためである．

一方，逐次 F 検定は，追加した変数による偏差平方和の増分を検定して 5 変数モデルに意義があるとしている．もし 2 変数で線形分離可能であれば，それ以上のモデルを選択することは間違いであろう．すなわち，逐次変数選択法は線形分離可能なデータで適用すべきでないことがわかる．

2.5 銀行データ(MNM = 0)の分析結果

(1) 特　徴

「銀行データ」は，スイス銀行発行の1,000フラン紙幣各100枚の真札と偽札の表2.1に示す6個の計測値である．ドイツの統計学者のFlury & Rieduel (1988)が収集し，彼らはこのデータを用いて判別分析の解説書を書いている[24]．しかし，彼らはこのデータの判別分析における重要な貢献に気付いていなかった．

このデータは，2変数($X4$, $X6$)で線形分離可能(MNM = 0)である．このデータから次のことがわかった．

① MNMの単調減少性から，この2変数を含む全てのモデルがMNM = 0である．

② 統計的判別分析では，線形分離可能という事実の重要性がわかっていない．

③ 改定IP-OLDF以外の線形判別関数は，線形分離可能という事実を必ずしも認識できない．

パターン認識では，2つのパターンが線形分離可能なことがわかれば，目的は達成される．しかし，統計的な変数選択法では，2変数ではなく5変数あるいは6変数のモデルを選ぶという重大な瑕疵を発見した．これは，単に追加した変数の偏差平方和の増分がF検定で意味があるか否かというステレオタイ

表2.1　変数のリスト

	変数名	記号	変数ラベル	説　明	型
1	length	$X1$	横幅長	紙幣の横の長さ	数値
2	left	$X2$	左縦幅長	紙幣の縦の長さ(左側)	数値
3	right	$X3$	右縦幅長	紙幣の縦の長さ(右側)	数値
4	bottom	$X4$	下枠内長	紙幣の下端から内側の枠までの長さ	数値
5	top	$X5$	上枠内長	紙幣の上端から内側の枠までの長さ	数値
6	diagonal	$X6$	対角長	対角線の長さ	数値
7	class	Y	真偽	札の真偽(1：真札，−1：偽札)	2値カテゴリー

プな方法論を変数選択法で墨守してきたためでないかと考える.

そして，線形分離可能でない「CPDデータ」と「アイリスデータ」で2群間の平均値の距離を拡大し，線形分離可能なデータに変換しても，変数選択法の選ぶモデルは元のデータと変わらないことを検証した(2.6節参照).

(2) 変数選択の検討

表2.2は，真札に1，偽札に−1の目的変数値を与えて回帰分析を行った結果である．VIFから多重共線性はないことがわかる．p値から length($X1$) だけが5%でも棄却されない．変数増加法と変数減少法で逐次F検定を行うと，$X1$を除く5変数モデルが選ばれる.

表2.3は，全ての説明変数の組合せの63個のモデルの分析結果である.

表2.2 回帰分析の統計量

項	推定値	標準誤差	t値	p値(Prob>$|t|$)	VIF
切片	24.090	6.551	3.677	0.000	.
length	0.017	0.030	0.563	0.574	1.286
left	−0.117	0.044	−2.689	0.008	2.517
right	0.110	0.040	2.771	0.006	2.618
bottom	0.150	0.010	14.769	0.000	2.176
top	0.157	0.017	9.222	0.000	1.906
diagonal	−0.209	0.015	−13.901	0.000	3.033

表2.3 全ての説明変数の組合せの63個のモデルの分析結果
(各変数で決定係数の一番大きなもののみ示す)

説明変数	p	R2	RMSE	Cp	AIC
$X1, X2, X3, X4, X5, X6$	6	0.924	0.140	7.000	−779.39
$X2, X3, X4, X5, X6$	5	0.924	0.140	5.317	−781.06
$X3, X4, X5, X6$	4	0.921	0.142	10.260	−776.01
$X4, X5, X6$	3	0.920	0.142	10.658	−775.63
$X4, X6$	2	0.882	0.173	107.002	−698.51
$X6$	1	0.809	0.220	292.021	−603.86

Mallow'sのCp統計量は6変数モデルを，赤池のAIC基準は5変数のモデルを選んだ．

また，これらの6個の計測値は一定の比率で製造されている．当初は多重共線性があると考えたが違っていた．紙幣は使用によって摩耗変形するので，ランダムな誤差が加わったためと考えられる．

(3) フィッシャーの仮説は正しいか

図2.4は，実データでMNM＝0になる$X4$と$X6$の2変数の散布図である．95％の確率楕円を書いて比較すると，真札(左上の○印)の分散は小さく，偽札の分散は大きい．すなわち，真札は政府の印刷機で印刷されているため良く管理されている．ただし，他の計測値では，真札は流通期間が長く摩耗しているため，偽札より分散が大きいものもある．

図2.4は，フィッシャーの仮説を満たさないことは明らかである．しかし線形分離可能であるため，改定IPLP-OLDFに比べて平均誤分類確率は表5.14

▼X4とX6の二変量の関係

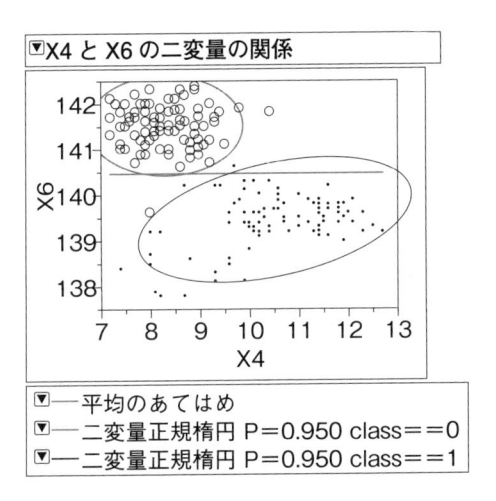

▼——平均のあてはめ
▼——二変量正規楕円 P=0.950 class==0
▼——二変量正規楕円 P=0.950 class==1

図2.4　MNM＝0のX4とX6の2変数の散布図
(LDFの差＝0.61％，ロジスティックの差＝0％)

からLDFで0.61％悪いだけである．ロジスティック回帰は，改定IP-OLDFと同じく誤分類数は0になる．

2.6 MNMによる新しい変数選択法の提案

2.6.1 銀行データの変数選択法

表2.4に示すように，「銀行データ」では変数欄に示す「diagonal」，「bottom」の順に逐次変数増加法で5変数モデルが選ばれる．AIC(上昇)は順次それらのAICを表す．変数減少法も，AIC(下降)に示すように，5変数モデルが選ばれる．推定値以降は，この選ばれた5変数モデルの統計量である．Cp統計量は6変数モデルを選ぶ．しかし，ヒストグラムや行列散布図，そしてロジスティック回帰で，1変数や2変数で誤分類数の少ない判別ができることが示唆される．

この点に関して，これまで統計的に明確に説明できなかった．

しかし，表2.5の変数増加法で選ばれるモデルで，MNMは$2 \to 0 \to 0 \to 0 \to 0 \to 0$になる．すなわち，このデータは2変数モデルでMNMが0になり，2次元で線形分離可能なデータであることがわかる．パターン認識の観点では，この2次元で判別すべきである．統計の変数選択法では，追加した説明変数による説明力の増分(偏差平方和)に意味があるか否かの観点で検定している．し

表2.4 元の変数による変数選択法と選ばれた5変数モデル(重回帰分析)

変数	AIC(上昇)	AIC(下降)	推定値	標準誤差	t値	p値	標準β	VIF
切片	−275.3		26.26	5.29	4.96	0.00	0.00	
diagonal	−603.9		−0.21	0.01	−14.04	0.00	−0.48	2.94
bottom	−699.5		0.15	0.01	14.96	0.00	0.43	2.10
top	−775.6		0.16	0.02	9.22	0.00	0.25	1.90
right	−776.0		0.11	0.04	2.87	0.00	0.09	2.58
left	−781.1	−781.1	−0.11	0.04	−2.64	0.01	−0.08	2.34
(length)		−779.4						

かし，線形分離可能であることがわかれば，そこで変数選択法を終了すべきであろう．

　以上から，線形分離可能なデータに関して逐次変数選択法などの統計的変数選択法は，「銀行データ」と同じく必要以上に高次の間違ったモデルを選ぶ可能性がある．そこで，次の 2.7 節で「銀行データ」と同じく MNM が 0 になるように「アイリスデータ」と「CPD データ」の 2 群の平均値間の距離を拡大する変換を行い，線形分離可能なデータを作成した．そして，「銀行データ」と同じく逐次変数選択法で選ばれるモデルよりも少ない変数のモデルが選ばれることを検証することにした．

　また，LDF と MNM の差の最大値は，5 変数で 5 個(2.5％)，4 変数で 6 個(3％)，3 変数で 7 個(3.5％)，2 変数で 9 個(4.5％)，1 変数で 23 個(11.5％)だけ誤分類数が悪い．

2.6.2　新しい変数選択法の提案

(1)　MNM の単調減少性

　表 2.5 の「MNM」列を用い，「MNM の単調減少性」を調べる．

　例えば，2 変数モデル($X4, X6$) の MNM は，($X4$) と ($X6$) の MNM が 16 と 2 であり，その最小値 MIN(16, 2) = 2 に等しいか小さくなる．実際には 0 であり，2 例改善されているので，表の「MNM」列の値を枠で囲んである．($X4, X5$) も同様に MIN(16, 48) = 16 より小さい 3 であり，1 変数ではそれほど判別力がなかったのに，2 変数で判別力が高まっている．($X3, X5$), ($X2, X5$), ($X1, X5$), ($X1, X2$) も 1 変数の部分モデルよりも誤分類数が少なくなっているので，表では「MNM」列の値を枠で囲んである．

　一方，($X3, X4$) の MNM は 16 であり，($X3$) と ($X4$) の MNM の最小値 MIN(43, 16) = 16 と同じになる．すなわち($X4$)に($X3$)を追加しても，何ら判別成績は改善されないことがわかる．

　3 変数モデル($X3, X4, X5$) では，部分モデルの ($X4, X5$), ($X3, X5$), ($X3,

表2.5 全モデルに対する重回帰分析の結果とIP-OLDFとLDFの結果

モデル	p	R2乗	Cp	誤分類数 LDF	誤分類数 MNM	差
X1, X2, X3, X4, X5, X6	6	0.92	7.00	1	0	1
X2, X3, X4, X5, X6	5	0.92	5.32	1	0	1
X1, X3, X4, X5, X6	5	0.92	12.23	1	0	1
X1, X2, X4, X5, X6	5	0.92	12.68	1	0	1
X1, X2, X3, X4, X6	5	0.89	90.04	1	0	1
X1, X2, X3, X4, X5	5	0.85	198.25	7	2	5
X1, X2, X3, X5, X6	5	0.84	223.13	2	1	1
X3, X4, X5, X6	4	0.92	10.26	1	0	1
X2, X4, X5, X6	4	0.92	11.53	1	0	1
X1, X4, X5, X6	4	0.92	12.50	1	0	1
X2, X3, X4, X6	4	0.89	88.04	1	0	1
X1, X3, X4, X6	4	0.89	94.63	1	0	1
X1, X2, X4, X6	4	0.88	110.49	2	0	2
X1, X3, X4, X5	4	0.85	196.25	7	2	5
X2, X3, X4, X5	4	0.85	199.77	6	2	4
X1, X2, X4, X5	4	0.85	203.37	8	2	6
X1, X3, X5, X6	4	0.84	225.89	2	1	1
X2, X3, X5, X6	4	0.84	226.46	1	1	0
X1, X2, X3, X6	4	0.83	232.52	2	1	1
X1, X2, X5, X6	4	0.82	272.00	1	1	0
X1, X2, X3, X4	4	0.67	645.22	19	14	5
X1, X2, X3, X5	4	0.56	920.60	21	21	0
X4, X5, X6	3	0.92	10.66	1	0	1
X3, X4, X6	3	0.89	93.21	1	0	1
X1, X4, X6	3	0.88	108.56	1	0	1
X2, X4, X6	3	0.88	108.75	1	0	1
X3, X4, X5	3	0.85	198.00	6	2	4
X2, X4, X5	3	0.84	203.76	8	2	6
X1, X4, X5	3	0.84	204.96	9	2	7
X3, X5, X6	3	0.83	232.88	1	1	0
X1, X3, X6	3	0.83	235.30	2	1	1
X2, X3, X6	3	0.83	235.62	2	1	1
X2, X5, X6	3	0.82	273.08	1	1	0
X1, X5, X6	3	0.82	277.07	1	1	0

2.6 MNMによる新しい変数選択法の提案

表2.5 つづき

モデル	p	R2乗	Cp	誤分類数 LDF	誤分類数 MNM	差
$X1, X2, X6$	3	0.81	286.89	2	1	1
$X1, X3, X4$	3	0.67	654.50	19	16	3
$X2, X3, X4$	3	0.66	684.52	19	16	3
$X1, X2, X4$	3	0.65	708.38	22	16	6
$X1, X3, X5$	3	0.56	940.79	21	21	0
$X2, X3, X5$	3	0.51	1063.93	30	25	5
$X1, X2, X5$	3	0.51	1065.70	24	24	0
$X1, X2, X3$	3	0.44	1225.89	38	32	6
$X4, X6$	2	0.88	107.00	3	0	3
$X4, X5$	2	0.84	203.72	8	3	5
$X3, X6$	2	0.83	241.98	2	1	1
$X5, X6$	2	0.82	275.67	1	1	0
$X2, X6$	2	0.81	287.66	1	1	0
$X1, X6$	2	0.81	293.75	2	1	1
$\underline{X}3, X4$	2	0.65	686.55	19	16	3
$\underline{X}2, X4$	2	0.63	739.72	20	16	4
$\underline{X}1, X4$	2	0.60	831.84	18	16	2
$X3, X5$	2	0.51	1067.58	29	29	0
$X2, X5$	2	0.45	1204.03	33	32	1
$X1, X3$	2	0.42	1275.02	36	33	3
$X1, X5$	2	0.38	1380.23	45	36	9
$\underline{X}2, X3$	2	0.35	1457.03	44	43	1
$X1, X2$	2	0.34	1485.72	47	44	3
$X6$	1	0.81	292.02	2	2	0
$X4$	1	0.60	833.49	17	16	1
$X5$	1	0.36	1427.77	49	48	1
$X3$	1	0.34	1475.23	43	43	0
$X2$	1	0.25	1726.54	53	48	5
$X1$	1	0.03	2270.94	100	77	23

$X4$), ($X3$), ($X4$), ($X5$)の MNM の最小値と等しいかそれ以下であるが, 1 変数モデルは 2 変数モデルのサブモデルであるので調べる必要はない. すなわち, 2 変数の部分モデルの最小値は MIN(3, 29, 16) = 3 であるが, 実際は 2 と改善されている. この他, ($X2$, $X4$, $X5$), ($X1$, $X4$, $X5$), ($X1$, $X3$, $X5$), ($X2$, $X3$, $X5$), ($X1$, $X2$, $X5$), ($X1$, $X2$, $X3$) も改善されている.

しかし, 4 変数以上のモデルは, 判別成績の悪い($X1$, $X2$, $X3$, $X4$)以外は 3 変数の部分モデルよりも改善されていない.

(2) 判別分析の変数選択法の提案

2 変数モデル($X4$, $X6$)の MNM は 0 である. 3 変数モデルで, この 2 変数モデルを部分モデルとして含む上位の 4 モデルの MNM は全て 0 になる. 4 変数モデルでは上位の 6 モデル, 5 変数モデルでは上位の 4 モデル, 6 変数モデルは必ず($X4$, $X6$)を含んでおり, どの MNM も 0 になる.

すなわち, 判別分析において, この 2 変数モデルはデータを完全に判別し, それ以上変数を追加しても判別成績を改善することはない. 以上の結果から, 「銀行データ」は, 逐次変数選択法や AIC で選ばれた 5 変数モデルでなく, 2 変数モデルで十分ということを裏付ける.

同様に MNM が 0 でなくても, その値が全モデルの中で最小であり, そのモデルを部分モデルとして含む全てのモデルの MNM が改善されなければ, そのモデルを最良のモデルとして選択することは理にかなっている.

しかし, 変数選択法で全モデルを考えることは難しい場合が多い. この場合には, 上昇基本系列と下降基本系列で MNM を計算し, MNM が改善されるか否かを検討すればよいであろう. MNM が単調に減少していく場合, フルモデルを選ぶことになる.

第 5 章では, 「評価データ」の 100 重交差検証法で求まった平均誤分類確率最小モデルを選ぶ方法を提案している.

(3) 判別係数の検討

　IP-OLDF は，最初に最適凸体の頂点の一つを判別係数として選ぶ．この最適凸体の内点に対応した判別関数は，MNM 個の同じケースを誤分類する．この意味で，内点に対応する全ての判別関数は同値と考えられる．凸体の各頂点に対応した判別関数は，データ空間を2分する説明変数の数 p と同数のケースで拘束された判別超平面に対応している．このため，これらのケースの説明変数の値が同じであれば，その判別係数は0になる．また p 変数と $(p+1)$ 変数モデルの MNM が同じ場合，追加した変数の判別係数が自然と0になる場合がある．これは，表 2.5 のモデルの変数名で，下線を引いたものである．

　例えば，2変数モデル($X3$, $X4$)は，$X3$ の係数が0であることを示す．そして，1変数モデル($X4$)と2変数モデル($X3$, $X4$)の MNM が16と同じであることはすでに述べた．すなわち，$X3$ を追加しても判別成績は良くならないのは，判別係数が0のためである．この最適凸体の内点に対応した判別関数には $X3$ の係数が0でないものがあるが，0になる判別関数と16個の同じケースを誤分類するという点で同値である．あるいは，同じ凸体の内点であるといった方がわかりやすい．この点から，凸体は原始的な判別係数の信頼区間と考えられる．

　一方，判別係数が0にならない場合は，IP-OLDF でその係数を0に固定して再計算した．同じケースが誤分類されれば，最適凸体の他の頂点が求められたことになる．この場合は，係数を0に固定したものを表のモデルの変数名を四角い枠で囲って示す．例えば，3変数モデル($X4$, $X5$, $X6$)は $X5$ の係数を0に固定して再計算したものと，元の解は同じケースを誤分類し，MNM も同じであるので同一の最適凸体が得られたと判定できる．

　以上から，重回帰分析の選んだ5変数モデル($X2$, $X3$, $X4$, $X5$, $X6$)の最適凸体には，$X2$, $X3$, $X5$ の判別係数が0の点が含まれている．そして，2変数モデル($X4$, $X6$)と同じく MNM が0であり，本質的に等しいことになる．すなわち，この5変数モデルを選ぶことは，変数選択法として間違っていることになる．

2.7 3種類の実データと変換データによる変数選択法の問題点の検討

2.6.2項で述べた結果が,「銀行データ」固有の特徴であるか否かを,3種類のデータを用いて2群の平均値間の距離を拡大と縮小して検討を行った.そして,2群の距離を拡大してMNMが0になるようにデータを作り変えると,同じ結果が得られることを以下で示す.

(1) 銀行データの実験

表2.6は,「銀行データ」の実データから真札と偽札の平均値間の距離を1.25倍に拡大,そして0.75倍と0.5倍に縮小した4組のデータの結果である.表のCp値,AIC,MNM,LDF(LDFのMN)の4つの数値は,表2.4と比較のため用いる.AIC(上昇)は,変数増加法で1変数モデル($X6$)から5変数モデル

表2.6 銀行データ

Model	p	距離1.25倍				実データ			
		Cp	AIC上昇	MNM	LDF	Cp	AIC上昇	MNM	LDF
$X1-X6$	6	7.0	(-863.1)	0	0	7.0	(-779.4)	0	1
$X2-X6$	5	5.3	-864.8	0	0	5.3	-781.00	0	1
$X3, X4, X5, X6$	4	10.5	-895.5	0	0	10.3	-776.00	0	1
$X4, X5, X6$	3	10.9	-859.1	0	0	10.7	-775.60	0	1
$X4, X6$	2	111.8	-779.1	0	0	107.0	-698.50	0	3
$X6$	1	313.9	-678.8	0	1	292.0	-603.90	2	2

Model	p	距離0.75倍				距離0.5倍			
		Cp	AIC上昇	MNM	LDF	Cp	AIC上昇	MNM	LDF
$X1-X6$	6	7.0	(-675.8)	1	2	7.0	(-543.1)	5	12
$X2-X6$	5	5.3	-677.50	1	2	5.3	-544.80	6	12
$X3, X4, X5, X6$	4	9.8	-672.80	1	1	8.9	-541.10	7	13
$X4, X5, X6$	3	10.1	-672.60	1	2	8.8	-541.10	8	14
$X4, X6$	2	97.4	-601.00	4	6	78.7	-481.90	16	19
$X6$	1	253.8	-516.60	6	8	184.4	-417.40	53	56

($X2$, $X3$, $X4$, $X5$, $X6$)まで, Fin = 0.25(p 値)で選ばれたモデルの AIC の値である. 変数減少法の $Fout$ = 0.1(p 値)で選ばれた 6 変数モデルの AIC の値は括弧付の(-779.4)で示す.

「距離 1.25 倍」は, 2 群の平均値間の距離を 1.25 倍に拡大したものである. Cp 値は 6 変数モデル, 変数増加法と変数減少法と AIC は 5 変数モデルを選んでおり, 表 2.4 の元のデータと同じである. しかし, 1 変数モデル($X6$)の MNM は 0 であり, diagonal を含む全てのモデルの MNM は 0 になる. 一方, LDF の MN も 2 変数以上は 0 になっている. 以上から, このような場合に逐次変数選択法で 5 変数モデルを選択することには問題があり, 1 変数の diagonal で十分である. また, 2 群が離れることで誤分類数が実データより少なくなった.

「距離 0.75 倍」と「距離 0.5 倍」は, 2 群の平均値の距離を 0.75 倍と 0.5 倍に縮小したものである. このような変換でも逐次変数選択法と AIC, そして Cp 統計量は 5 あるいは 6 変数モデルを選ぶという結果は変わらない. 「距離 0.75 倍」では MNM は 3 変数モデルで 1 になって, それを含むモデルで MNM は改善されないので, ($X4$, $X5$, $X6$)を選ぶべきである. 平均値が近くなることで, 2 変数モデル($X4$, $X6$)で充分でなく, 3 変数モデル($X4$, $X5$, $X6$)を選んだことになる.

「距離 0.5 倍」では, MNM が上昇基本系列で単調に減少していくので, 本書で提案する変数選択法は使えない. ただし, LDF と MNM の差は 1 変数と 2 変数モデルでは 3 と一番小さい.

以上から, 2 群の平均値の距離を拡大/縮小をしても逐次変数選択法と AIC は 5 変数モデルを選んだ. しかし, MNM による変数選択法では「距離 1.25 倍」では 1 変数モデル, 「実データ」では 2 変数モデル, 「距離 0.75 倍」では 3 変数モデルで充分なことがわかった.

(2) アイリスデータによる実験

次に, 「アイリスデータ」で 2 群の平均値間の距離を 2 倍に拡大したデータを用いる. 表 2.7 の実データでは MNM の最小値は 4 変数モデルであり, Cp

表2.7 アイリスデータ

変数	p	R2	Cp	AIC上昇	MNM	LDF	差	Cp	AIC上昇	MNM	LDF	差
				実データ				距離2倍データ				
$x1-x4$	4	0.78	5.0	-281.8	1	3	2	5.0	-402.8	0	0	0
$x2, x3, x4$	3	0.77	10.4	-276.4	2	4	2	11.9	-395.8	0	0	0
$x1, x3, x4$	3	0.76	13.6		2	3	1	15.9		0	0	0
$x1, x2, x4$	3	0.73	27.2		3	5	2	33.3		0	0	0
$x1, x2, x3$	3	0.70	40.1		2	7	5	50.9		0	0	0
$x2, x4$	2	0.72	27.4	-261.3	3	5	2	34.3	-376.7	0	0	0
$x3, x4$	2	0.72	29.2		3	6	3	36.7		0	0	0
$x1, x3$	2	0.70	39.1		3	6	3	50.3		0	0	0
$x1, x4$	2	0.69	44.1		5	6	1	57.4		0	0	0
$x2, x3$	2	0.63	67.6		5	7	2	93.0		0	0	0
$x1, x2$	2	0.25	237.4		24	25	1	545.1		11	14	3
$x4$	1	0.69	42.1	-259.4	5	6	1	55.4	-362.2	0	0	0
$x3$	1	0.62	71.7		5	8	3	100.9		0	0	0
$x1$	1	0.24	236.2		24	27	3	546.4		12	15	3
$x2$	1	0.09	301.9		29	42	13	942.0		19	17	-2

値も,逐次変数選択法も,AICもこの4変数モデルを選んでいる.

「距離2倍」では,「銀行データ」と同じく,1変数モデル{X4}と{3}でMNMが0の状態を作ることができ,この1変数モデル{X4}を選べばよいことになる.しかし,Cp値も,逐次変数選択法も,AICも4変数モデルを選んでいる.

(3) CPDデータによる実験

次に,「CPDデータ」で19変数から,表2.8の実データの変数列に示す6変数をフルモデルに選んだ.そして,2群の平均値間の距離を2倍に拡大したデータと比較した.実データでは,MNMの最小値は6変数モデルの8であり,Cp値もこの6変数モデルを選んでいる.変数増加法と変数減少法は5変数モデル,AICは4変数モデルを選んでいる.

「距離2倍」では,変数増加法は6変数モデル,変数減少法とAICで5変数モデルが選ばれるのに対して,1変数モデル($X12$)でMNMが0である.

2.7 3種類の実データと変換データによる変数選択法の問題点の検討

表2.8 CPDデータ

変数	p	実データ					距離2倍データ			
		Cp	AIC 上昇	AIC 下降	MNM	LDF	Cp	AIC 上昇	AIC 下降	MNM	LDF
$X2, X9, X12, X15, X17, X18$	6	7		−589.7	8	16	7	−828.6	−828.6	0	0
$X2, X9, X12, X15, X18$	5	6	−590.5	−590.5	10	17	7	−828.9	−828.9	0	0
$X9, X12, X15, X18$	4	6	−590.9		10	17	7	−828.5		0	0
$X9, X12, X18$	3	6	−590.7		12	19	8	−827.2		0	1
$X9, X12$	2	8	−588.8		13	17	12	−823.4		0	1
$X12$	1	24	−573.1		19	23	40	−798.3		0	2

以上から，「銀行データ」で得られた逐次変数選択法やAICはより高次のモデルを選ぶのに対して，MNMによる変数選択法はより小さなモデルを選ぶという特徴は，このデータ固有の特徴でなく，MNMが0のデータの一般的な特徴であることが，「アイリスデータ」や「CPDデータ」を作り変えることで確認できた．

(4) まとめ

判別データとして統計学で有名な「銀行データ」を用いて，従来の逐次変数選択法やAICによる変数選択法は線形分離可能なデータでは問題があり，MNMを用いた新しい変数選択法を提案した．そして，「銀行データ」と「アイリスデータ」と「CPDデータ」の2群間の距離を拡大することで，「銀行データ」と同じく逐次変数選択法やAIC, Cp統計量は高次のモデルを選ぶのに対して，MNMでは少ない変数で十分であることを確認した．

図2.5のように受験科目の得点合計がある点以上であれば合格とし，それ未満であれば不合格とするような自明な判別問題を考える．例えば2科目x(英語)とy(国語)の合計点が105点以上を合格，それ以下を不合格とする．この場合，自明な判別関数は$f(x, y) = x + y − 104.5$であり，これまで判別分析の対象としてこなかった．このような判別問題は，恣意的に作られた合格群と不合格群は一般に正規分布にならないので，LDFやQDFで誤分類数が0になる

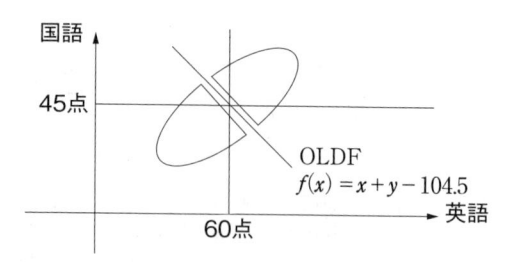

図2.5　入試の自明な判別問題

$f(x) = x + y - 104.5$

判別関数は求まらない．さらに決定木分析でも，逐次1変数の分岐でデータ空間を分割していくので，誤分類数が0になることはない．しかし，IP-OLDFではこの自明な判別関数が求まる．すなわち，入試の合否判定は，現実に裏付けのある線形分離可能な具体例でもある．

　5年ほど前，経済学部の入試委員長になった．この時，一般入試の3教科試験の得点データを管理していた．学部長に分析に用いても良いかをたずねたところ，許可が得られなかった．それ以来ずっと，「自分は真理を追究する意欲に乏しいのではないか」と自戒してきた．それが，2010年に1年生を対象とした「統計入門」の担当になった．さっそく中間と期末を10択100問のマークシート試験を行った．

　そして「マークシート試験によるFDの一提案」(新村，2010b)[53]と「試験の合否判定データの最適判別関数による分析」(新村，2010c)[54]という論文を投稿した．改定IP-OLDFで100個の説明変数を分析すると，1〜2秒でMNM = 0という解が得られた．なぜ「銀行データ」より計算時間が早いのか分かっていない．さらに，LDF，2次判別関数，ロジスティック回帰のすべてで，本書で紹介していない問題点が分かった．統計的判別分析にとって，線形分離可能なデータには魔物がいるようだ．

第3章 最適線形判別関数とSVMの秘密

「学生データ」という取るに足らないtiny(玩具の)なデータで奈落の底に突き落とされた．2個の説明変数の判別関数で，10個のケースが判別超平面上にくることがわかった．当然，この解を頂点とする凸体の中に最適凸体はなく，全く別のところに最適凸体があり，探索方法がわからなかった．その窮地を救ってくれたのが，シカゴ大学ビジネススクール教授で，LINDO Systems Inc.社長のシュラージ(L. Schrage)からのメールであった．IP-OLDFは整数計画法の収束計算の観点から問題であり，マージンを取ってBigM定数を導入すべきという点である．

最初はわからないまま彼の助言に従ったが，パターン認識の成果であるマージンを取り入れ，BigM定数を用いることで最適凸体の内点を直接求める手法であることがわかった．これによって，やっとLDFに代表される線形判別関数や，SVMそしてロジスティック回帰と比較評価できるようになった．

3.1 学生データ(一般位置にない)

(1) 特徴

表3.1の「学生データ」は，40人の学生の成績，勉強時間，支出，飲酒日数，性別(0/1)，喫煙の有無(0/1)と合否判定(0/1)から構成されている．

表 3.1 本書で利用する学生データ

SN	成績	勉強時間	支出	飲酒日数	性別	喫煙の有無	合否
1	70	7	3	1	1	1	1
2	90	10	2	0	1	0	1
3	85	6	5	1	0	0	1
4	80	2	4	2	1	0	1
5	75	5	4	4	0	1	1
6	85	3	3	1	1	0	1
7	90	7	3	0	0	0	1
8	90	7	3	0	0	1	1
9	95	7	3	0	1	0	1
10	75	9	5	1	0	0	1
11	100	9	2	0	1	0	1
12	70	6	3	2	1	0	1
13	100	12	4	1	0	0	1
14	70	3	3	3	0	1	1
15	75	5	2	1	0	1	1
16	85	6	3	0	1	1	1
17	70	4	4	1	1	0	1
18	80	6	3	2	0	1	1
19	70	4	5	1	1	1	1
20	80	10	4	3	0	0	1
21	75	7	4	1	1	0	1
22	75	3	5	1	0	1	1
23	85	8	3	0	1	0	1
24	85	5	4	1	0	0	1
25	75	5	3	2	1	0	1
26	55	2	6	3	0	0	0
27	60	1	6	5	0	1	0
28	60	3	2	1	0	1	0
29	40	3	10	6	0	1	0
30	65	4	6	2	1	1	0
31	65	5	5	3	1	0	0
32	60	5	2	1	1	0	0
33	55	3	7	5	0	1	0
34	60	2	5	4	0	1	0
35	60	3	6	2	0	0	0
36	50	3	7	3	1	1	0
37	65	3	5	4	1	1	0
38	60	1	8	7	0	1	0
39	40	2	5	4	0	1	0
40	65	3	3	2	0	1	0

本データは，元青山学院大学国際政経学部の高森寛教授が作成し，筆者との共著である SAS の入門書で最初に用いた[50]．その後 SPSS の解説書[51], Statistica の解説書（『3 日でわかる・使える統計学』（講談社），添付の CD は XP で稼働しなくなったので絶版にしました．中古本を買わないようにしてください．），JMP の解説書[6] に用いている．変数の意味が万人に容易に理解でき，全ての主要な統計手法の解説に適しているからである．

表 3.1 は，本書で利用するために作り替えたデータである．成績が 70 点以上の 25 人を合格とし，65 点以下を不合格とした．60 点以上を合格としなかったのは，不合格者数が少なくなることと，2 群の分類基準をこの値の前後 5 点刻みで動かして検討すると，これが一番問題点を明らかにするためである．

(2) 変数選択の検討

表 3.2 は，合格に 1，不合格に 0 の目的変数値を与えて回帰分析を行った結果である．VIF から多重共線性はないことがわかる．p 値から勉強時間だけが 5% で棄却される．変数増加法では勉強時間，飲酒日数，支出の順に 3 変数が，変数減少法では勉強時間と飲酒日数の 2 変数が選ばれる．

表 3.3 は，全ての説明変数の組合せ（総当たり法）の 31 個のモデルの分析結果である．Mallow's の Cp 統計量は 5 変数モデルを，赤池の AIC 基準は 2 変数のモデルを選んだ．逐次 F 検定と，Mallow's の Cp 統計量と赤池の AIC 基準による変数選択の結果が 5 変数，3 変数，2 変数と異なっている．結局 2 変

表 3.2　回帰分析の統計量

項	推定値	標準誤差	t 値	p 値(Prob>$|t|$)	VIF
切片	0.394	0.603	0.654	0.518	.
勉強時間	0.131	0.059	2.232	0.032	1.774
支出	−0.096	0.100	−0.957	0.345	2.322
飲酒日数	−0.169	0.117	−1.446	0.157	3.078
性別	−0.072	0.255	−0.282	0.780	1.205
喫煙の有無	−0.029	0.279	−0.103	0.919	1.450

表3.3 全ての説明変数の組合せの15個のモデルの分析結果

説明変数	決定係数	RMSE	C_p	AIC
勉強時間,支出,飲酒日数,性別,喫煙の有無	0.514	0.732	6.000	−19.420
勉強時間,支出,飲酒日数,性別	0.514	0.722	4.011	−21.410
勉強時間,支出,飲酒日数,喫煙の有無	0.513	0.723	4.079	
勉強時間,飲酒日数,性別,喫煙の有無	0.501	0.731	4.916	
勉強時間,支出,性別,喫煙の有無	0.484	0.744	6.092	
支出,飲酒日数,性別,喫煙の有無	0.442	0.773	8.983	
勉強時間,支出,飲酒日数	0.513	0.713	2.082	−23.320
勉強時間,飲酒日数,性別	0.501	0.721	2.916	
勉強時間,飲酒日数,喫煙の有無	0.500	0.722	2.982	
勉強時間,支出,喫煙の有無	0.484	0.733	4.092	
勉強時間,支出,性別	0.482	0.735	4.228	
支出,飲酒日数,喫煙の有無	0.437	0.765	7.330	
支出,飲酒日数,性別	0.431	0.770	7.765	
飲酒日数,性別,喫煙の有無	0.424	0.775	8.267	
勉強時間,性別,喫煙の有無	0.397	0.793	10.163	
支出,性別,喫煙の有無	0.364	0.814	12.444	
勉強時間,飲酒日数	0.500	0.712	0.984	−24.280
勉強時間,支出	0.482	0.725	2.240	
支出,飲酒日数	0.428	0.761	5.964	
飲酒日数,喫煙の有無	0.419	0.767	6.591	
飲酒日数,性別	0.415	0.770	6.891	
勉強時間,性別	0.395	0.783	8.321	
勉強時間,喫煙の有無	0.392	0.785	8.475	
支出,喫煙の有無	0.364	0.803	10.480	
支出,性別	0.321	0.830	13.479	
性別,喫煙の有無	0.136	0.936	26.373	
飲酒日数	0.412	0.762	5.086	−19.850
勉強時間	0.388	0.777	6.790	
支出	0.320	0.819	11.538	
喫煙の有無	0.131	0.926	24.779	
性別	0.033	0.977	31.607	

数か3変数モデルが良さそうだ．しかし第5章で，判別係数の信頼区間のほとんどが0になり，現実問題に利用すべきでないという結果を得ている．

(3)　フィッシャーの前提は正しいか

図3.1は，判別成績の良い勉強時間と支出の2変数の散布図である．95%の確率楕円を書いて比較すると，合格群(○印)と不合格群(●印)の楕円の長軸が90度以上の違いがあり，フィッシャーの仮説を満たさないことは明らかである．改定IPLP-OLDFに比べて，LDFは7.09%，ロジスティック回帰は5.37%も平均誤分類確率が悪い(表5.19参照)．

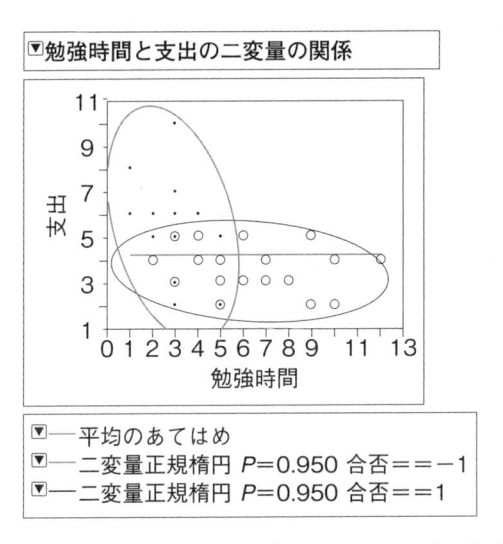

図3.1　判別成績の良い勉強時間と支出の2変数の散布図
(LDF=7.09%, ロジスティック回帰=5.37%)

3.2 改定 IP-OLDF と改定 LP-OLDF の提案

3.2.1 悪夢のデータ

「学生データ」を用いて IP-OLDF の致命的な欠陥がわかり愕然としたのは，「アイリスデータ」，「CPD データ」，「2 変数の正規乱数データ」で曲がりなりにも有益な結果を得て自信を深めていたころである．

致命的な欠陥は次の点である．一般的に説明変数の計測値で作られた($n*p$) の配置行列は Haar 条件を満たしていると仮定している．すなわち，任意の ($k*k$) 次の小行列のランクが k であることである．この条件を満たすデータはパターン認識では**一般位置**にあるという．この場合，IP-OLDF が第 1 ステップで見つけた頂点は，**最適凸体**の頂点になることがわかっている．あるいは，一般位置になくても，判別超平面上にちょうど p 個のケースがくる場合も，最適凸体の頂点が選ばれる．

これに対して Haar 条件を満たさない本データのような場合，見付けた頂点が ($p+1$) 個以上のケースの交点になることがあり，これが必ずしも最適凸体の頂点であるかどうかは個別に検討する必要がある．

2 変数の場合，散布図を描いて判定できるが，3 変数以上でこの問題が発生した場合，かなりの期間いくつもの方法を試みたが決定打はなかった．それが，改定 IP-OLDF を考えることで一気に解決できた．

3.2.2 改定 IP-OLDF の分析結果

(1) What'sBest! について

表 3.4 は，Excel のアドインの数理計画法ソフト What'sBest! で BigM 定数を 10^5(セル O2)で計算した改定 IP-OLDF の分析結果である．セル範囲 J2：L2 に勉強時間，支出，定数項の判別係数が出力される($f(x) = 2 * $勉強 $- 3.3E5 * $支出 $+ 1.6E6 = 0$)．判別超平面は「支出 $= 0.000060 * $勉強時間 $+ 4.999790$

表 3.4 改定 IP-OLDF の分析結果（M=10^5）

	J	K	L	M	N	O	P
1	勉強	支出	定数項		0.000060	4.999790	
2	2	−33332	166653	555511114		100000	5
3	7	3	1	66671	>=	1	0
4	10	2	1	100009	>=	1	0
5	6	5	1	5	>=	1	0
6	2	4	1	33329	>=	1	0
7	5	4	1	33335	>=	1	0
8	3	3	1	66663	>=	1	0
9	7	3	1	66671	>=	1	0
10	7	3	1	66671	>=	1	0
11	7	3	1	66671	>=	1	0
12	9	5	1	11	>=	1	0
13	9	2	1	100007	>=	1	0
14	6	3	1	66669	>=	1	0
15	12	4	1	33349	>=	1	0
16	3	3	1	66663	>=	1	0
17	5	2	1	99999	>=	1	0
18	6	3	1	66669	>=	1	0
19	4	4	1	33333	>=	1	0
20	6	3	1	66669	>=	1	0
21	4	5	1	1	=>=	1	0
22	10	4	1	33345	>=	1	0
23	7	4	1	33339	>=	1	0
24	8	5	1	−1	>=	−99999	1
25	8	3	1	66673	>=	1	0
26	5	4	1	33335	>=	1	0
27	5	3	1	66667	>=	1	0
28	−2	−6	−1	33335	>=	1	0
29	−1	−6	−1	33337	>=	1	0
30	−3	−2	−1	−99995	>=	−99999	1
31	−3	−10	−1	166661	>=	1	0
32	−4	−6	−1	33331	>=	1	0
33	−5	−5	−1	−3	>=	−99999	1
34	−5	−2	−1	−99999	=>=	−99999	1
35	−3	−7	−1	66665	>=	1	0
36	−2	−5	−1	3	>=	1	0
37	−3	−6	−1	33333	>=	1	0
38	−3	−7	−1	66665	>=	1	0
39	−3	−5	−1	1	=>=	1	0
40	−1	−8	−1	100001	>=	1	0
41	−2	−5	−1	3	>=	1	0
42	−3	−3	−1	−66663	>=	−99999	1

(N1：O1)」である．P2 には目的関数「＝ SUM(P3：P42)」の最小化が指定してあり，MNM ＝ 5 である．判別得点(M3：M42)が－1 以下のものの個数であり，｜判別得点｜＜1 のケースがないことが重要である．

セル範囲 M3(＝ SUMPRODUCT(J2：L2, J3：L3))：M42 には判別得点が入る．19 番目(M21)と 37 番目(M39)の学生が 1 であり，N21 と N39 の制約条件を見ると「＝＞＝(数学的には等式制約を表す)」，すなわち改定 IP-OLDF の制約式を表す改定 IP-OLDF の(2.6)式の判別得点($y_i^* (x_i' b + b_0)$)と右辺定数項の値($1 - 10^5 * 0 = 1$)が 1 で等しい．

$$\text{MIN } \Sigma e_i$$
$$y_i * (x_i' b + b_0) >= 1 - M * e_i \tag{2.6}$$
$$M：100000 \text{ の定数}(BigM \text{ 定数})$$

すなわち，合格群の SV は「支出 ＝ 0.000060 勉強 ＋ 4.999760」でありケース(勉強，支出) ＝ (4，5)で，不合格群の SV は「支出 ＝ 0.000060 勉強 ＋ 4.999820」でありケース(3，5)で拘束されている．$M = 10^6$ から減少するにつれ，データ空間では SV はこの 2 ケースを回転運動の中心にして回転することがわかる．

「What'sBest! の条件式の表示 ＞ ＝ (または ＝ ＜)」は「数学の比較条件 ＞ (または ＜)」を表す．このような紛らわしい表記を用いているのは，数理計画法で等号のある場合とない場合の区別が特に重要なために，注意を喚起するためと思われる．

O 列と P 列の値を四角い枠で囲んだ合格の 1 名と不合格の 4 名が－1 以下の負の判別得点をもち，この 5 名が誤分類される．すなわち，改定 IP-OLDF は判別得点が開区間(－1，1)に来ないようにして，1 以上であれば SV で正しく判別され，－1 以下であれば SV で誤分類されたと考える．

M34 の 32 番目の学生の判別得点は－999999 である．この学生は，$y_i f(x_i) = 1$ で表される SV の超平面を，誤分類されるケースのために制約条件を緩めて変更した $y_i f(x_i) = 1 - 10^6 * 1 = -999999$ (判別得点の下限値)の超平面上にある．すなわち，誤判別されたケースの判別得点は閉区間［－999999，－1］に

3.2 改定 IP-OLDF と改定 LP-OLDF の提案

含まれる．開区間(-1, 1)の値を取る判別得点がなく，判別得点が 0 のものがないことから，この解は IP-OLDF の判別係数の空間で定義された最適凸体の内点を求めたことがわかる．セル範囲 O3：O42 には(2.6)式の右辺定数項($= 1 - 10^6 * e_i$)が，P3：P42 には e_i が入っている．e_i は 0/1 の整数変数が指定してあり，e_i が 0 のものは SV で正しく判別され($y_i f(x_i) \geq 1$)，1 のものは誤分類($-1 \geq y_i f(x_i) \geq -999999$)されたことを示す．

（2） 改定 IP-OLDF の分析結果(M = 27.45)

改定 IP-OLDF は，BigM 定数として $M = 10^6$ か 10^5 のような大きな値で計算して終わりである．しかし，BigM 定数の役割を考えるために，以下では減少させた例を検討する．

表3.5 は，BigM 定数を 27.45 で計算した改定 IP-OLDF の分析結果である．判別超平面は「支出 = 0.26 * 勉強時間 + 3.59」である．表3.4 と比べると，MNM = 5 と同じであるが誤分類されたケースが異なるので，異なった最適凸体の内点であることがわかる．合格群の SV は「支出 = 0.26 * 勉強時間 + 3.48」でケース(勉強時間，支出) = (2, 4) に，不合格群の SV は「支出 = 0.26 * 勉強時間 + 3.70」でケース(勉強時間，支出) = (5, 5) に SV が拘束されている．$M = 10^5$ から $M = 27.45$ へ変わることで，合格群が(勉強時間，支出) = (4, 5) から(2, 4) に，不合格群が(勉強時間，支出) = (3, 5) から(5, 5) に回転の中心も代わっている．判別係数の空間では，合格群の SV が 4 * 勉強 + 5 * 支出 + 1 = 0 という線形超平面から 2 * 勉強 + 4 * 支出 + 1 = 0 に移動している．この2つの超平面の交点(勉強，支出) = (1/6, $-1/3$)に対応したケースがあれば，(4, 5)を中心に回転し，(1/6, $-1/3$)に拘束されて回転が止まる．次に(1/6, $-1/3$)を回転の中心として回転し，(2, 4)で拘束され回転が停止する．そして，次に(2, 4)を中心とした回転が始まると考えられる．ただし，(1/6, $-1/3$)というケースがないので，別のケースが関係していると考えられる．

すなわち，$M = 10^6$ から $M = 27.5$ に減少していくと，データ空間では SV

表 3.5 改定 IP-OLDF の分析結果（M=27.45）

勉強	支出	定数項		0.260	3.588	
2.382222	−9.146667	32.822222			27.45	5
7	3	1	22.06	>=	1	0
10	2	1	38.35	>=	1	0
6	5	1	1.38	>=	1	0
2	4	1	1.00	=>=	1	0
5	4	1	8.15	>=	1	0
3	3	1	12.53	>=	1	0
7	3	1	22.06	>=	1	0
7	3	1	22.06	>=	1	0
7	3	1	22.06	>=	1	0
9	5	1	8.53	>=	1	0
9	2	1	35.97	>=	1	0
6	3	1	19.68	>=	1	0
12	4	1	24.82	>=	1	0
3	3	1	12.53	>=	1	0
5	2	1	26.44	>=	1	0
6	3	1	19.68	>=	1	0
4	4	1	5.76	>=	1	0
6	3	1	19.68	>=	1	0
4	5	1	−3.38	>=	−26.45	1
10	4	1	20.06	>=	1	0
7	4	1	12.91	>=	1	0
3	5	1	−5.76	>=	−26.45	1
8	3	1	24.44	>=	1	0
5	4	1	8.15	>=	1	0
5	3	1	17.29	>=	1	0
−2	−6	−1	17.29	>=	1	0
−1	−6	−1	19.68	>=	1	0
−3	−2	−1	−21.68	>=	−26.45	1
−3	−10	−1	51.50	>=	1	0
−4	−6	−1	12.53	>=	1	0
−5	−5	−1	1.00	=>=	1	0
−5	−2	−1	−26.44	>=	−26.45	1
−3	−7	−1	24.06	>=	1	0
−2	−5	−1	8.15	>=	1	0
−3	−6	−1	14.91	>=	1	0
−3	−7	−1	24.06	>=	1	0
−3	−5	−1	5.76	>=	1	0
−1	−8	−1	37.97	>=	1	0
−2	−5	−1	8.15	>=	1	0
−3	−3	−1	−12.53	>=	−26.45	1

が(4, 5)と(3, 5)を中心に回転し，一度SVは凸体の頂点で回転を停止し，その後で(2, 4)と(5, 5)を回転の中心にしたものと考えられる．

（3） 改定 IP-OLDF の分析結果（M = 27.43）

表3.6 は，BigM 定数を M = 27.43 で計算した改定 IP-OLDF の分析結果である．判別超平面は「支出 = 0.5 * 勉強時間 + 3.75」である．

表3.4 と表3.5 と比べると，MNM = 5 と同じであるが，誤分類されたケースは再び異なるので，別の最適凸体の内点に移動したことがわかる．合格群のSV は「支出 = 0.5 * 勉強時間 + 3.5」でケース（勉強時間，支出）= (3, 5)に，不合格群のSV は「支出 = 0.5 * 勉強時間 + 4」でケース（勉強時間，支出）= (4, 6)と(2, 5)で，固定されていて M = 27.45 と全く異なっている．

すなわち，M = 27.45 から M = 27.43 に減少していくと，SV は凸体の辺上を動いて回転し，凸体の頂点で回転が停止し，その後また別の辺上を動いて回転することで別の最適凸体に移ったようだ．

（4） 改定 IP-OLDF の分析結果（M = 10）

表3.7 は，BigM 定数を 10 で計算した改定 IP-OLDF の分析結果である．判別超平面は「支出 = 0.23 * 勉強時間 + 3.96」である．合格群のSV は「支出 = 0.23 * 勉強時間 + 3.62」でケース（勉強時間，支出）= (6, 5)に，不合格群のSV は「支出 = 0.23 * 勉強時間 + 4.3」でケース（勉強時間，支出）= (3, 5)に拘束され，回転の中心になっていることがわかる．

MNM = 6 であるが，判別得点が2つのSV で完全に分離されず(− 1, 1)に2 ケースあるので，真の MNM ではないことがわかる．すなわち，BigM 定数が小さいとSV の反対側にくるケースを − 1 以下に引っ張る力が小さくなり，SV で2 つのクラスを完全に分離できなくなる．結局，区間(− 1, 1)にケースがないことが，正しい MNM（真の最適凸体の内点）を求めたことの判定条件になる．

表 3.6 改定 IP-OLDF の分析結果 (M=27.43)

勉強	支出	定数項			0.5	3.75	
2	−4	15				27.43	5
7	3	1	17	>=		1	0
10	2	1	27	>=		1	0
6	5	1	7	>=		1	0
2	4	1	3	>=		1	0
5	4	1	9	>=		1	0
3	3	1	9	>=		1	0
7	3	1	17	>=		1	0
7	3	1	17	>=		1	0
7	3	1	17	>=		1	0
9	5	1	13	>=		1	0
9	2	1	25	>=		1	0
6	3	1	15	>=		1	0
12	4	1	23	>=		1	0
3	3	1	9	>=		1	0
5	2	1	17	>=		1	0
6	3	1	15	>=		1	0
4	4	1	7	>=		1	0
6	3	1	15	>=		1	0
4	5	1	3	>=		1	0
10	4	1	19	>=		1	0
7	4	1	13	>=		1	0
3	5	1	1	=> =		1	0
8	3	1	19	>=		1	0
5	4	1	9	>=		1	0
5	3	1	13	>=		1	0
−2	−6	−1	5	>=		1	0
−1	−6	−1	7	>=		1	0
−3	−2	−1	−13	>=		−26.43	1
−3	−10	−1	19	>=		1	0
−4	−6	−1	1	=> =		1	0
−5	−5	−1	−5	>=		−26.43	1
−5	−2	−1	−17	>=		−26.43	1
−3	−7	−1	7	>=		1	0
−2	−5	−1	1	=> =		1	0
−3	−6	−1	3	>=		1	0
−3	−7	−1	7	>=		1	0
−3	−5	−1	−1	>=		−26.43	1
−1	−8	−1	15	>=		1	0
−2	−5	−1	1	=> =		1	0
−3	−3	−1	−9	>=		−26.43	1

3.2 改定 IP-OLDF と改定 LP-OLDF の提案

表 3.7 改定 IP-OLDF の分析結果 (M=10)

勉強	支出	定数項		0.23	3.962	
0.666667	−2.888889	11.444444			10	6
7	3	1	7.44	>=	1	0
10	2	1	12.33	>=	1	0.00E+00
6	5	1	1.00	=>=	1	0
2	4	1	1.22	>=	1	0
5	4	1	3.22	>=	1	0
3	3	1	4.78	>=	1	0
7	3	1	7.44	>=	1	0
7	3	1	7.44	>=	1	0
7	3	1	7.44	>=	1	0
9	5	1	3.00	>=	1	0
9	2	1	11.67	>=	1	0
6	3	1	6.78	>=	1	0
12	4	1	7.89	>=	1	0
3	3	1	4.78	>=	1	0
5	2	1	9.00	>=	1	0
6	3	1	6.78	>=	1	0
4	4	1	2.56	>=	1	0
6	3	1	6.78	>=	1	0
4	5	1	−0.33	>=	−9	1
10	4	1	6.56	>=	1	0
7	4	1	4.56	>=	1	0
3	5	1	−1.00	>=	−9	1
8	3	1	8.11	>=	1	0
5	4	1	3.22	>=	1	0
5	3	1	6.11	>=	1	0
−2	−6	−1	4.56	>=	1	0
−1	−6	−1	5.22	>=	1	0
−3	−2	−1	−7.67	>=	−9	1
−3	−10	−1	15.44	>=	1	0
−4	−6	−1	3.22	>=	1	0
−5	−5	−1	−0.33	>=	−9	1
−5	−2	−1	−9.00	=>=	−9	1
−3	−7	−1	6.78	>=	1	0
−2	−5	−1	1.67	>=	1	0
−3	−6	−1	3.89	>=	1	0
−3	−7	−1	6.78	>=	1	0
−3	−5	−1	1.00	=>=	1	0
−1	−8	−1	11.00	>=	1	0
−2	−5	−1	1.67	>=	1	0
−3	−3	−1	−4.78	>=	−9	1

3.2.3　改定 LP-OLDF の分析結果

表3.8 は，改定 LP-OLDF の $M = 10^6$ の分析結果である．判別超平面は，「支出＝勉強時間＋1」である．合格群の SV の超平面は「支出＝勉強時間－1」でケース(勉強時間，支出) = (6, 5)と(5, 4)に，不合格群は「支出＝勉強時間＋3」でケース(勉強時間，支出) = (2, 5)と(3, 6)に固定される．10名の判別得点の絶対値が1未満である．判別得点が負の誤分類数が6である．19番目の学生の判別得点が0であり，19番目の学生も誤分類された場合には誤分類数は7に修正する必要がある．

表3.9 は，改定 LP-OLDF の $M = 1$ の分析結果である．e_i の値が M の値に応じて比例関係がある以外，全てが表3.8と一致している．すなわち，改定 LP-OLDF は SV からの誤分類されるケースの距離の和を最小化しているので，M を導入する必要はなく，制約式の右辺定数項は「$1 - e_i$」で十分である．

改定 IPLP-OLDF は，改定 LP-OLDF で求めた解の $e_i = 0$ のケースを0に固定し，残りを 0/1 の整数変数に指定しなおして改定 IP-OLDF を解くことで求まる．この場合，40個の制約式を IP で解く必要はなく，$e_i \neq 0$ の12個だけに限定して解くので，高速化できる．

3.2.4　IP-OLDF(What'sBest!10 版)

表3.10 は，2010年の What'sBest! の最新版(10版)による IP-OLDF の $M = 10^6$ の分析結果である．「支出＝5」が判別超平面になる．MNM = 3 であるが，判別得点が0のものが8個もある．これらの8個から誤分類されたケースを判定するのは大変である[†]．

表3.11 は，IP-OLDF の $M = 10^4$ の分析結果であり，表3.10と全く同じにな

[†] この研究を行ったときは7版であり，「勉強＝3」を判別超平面に求め，判別超平面上に10個のケースがきた．整数計画法と非線形計画法の大域的最適解は，ソルバーの改善で大きく解が異なることがある．

3.2 改定 IP-OLDF と改定 LP-OLDF の提案

表 3.8 改定 LP-OLDF の分析結果 ($M=10^6$)

勉強	支出	定数項		1	1	
0.5	−0.5	0.5			1000000	0.000015
7	3	1	2.50	>=	1	0.000000
10	2	1	4.50	>=	1	0.000000
6	5	1	1.00	=>=	1	0.000000
2	4	1	−0.50	=>=	−0.5	0.000002
5	4	1	1.00	=>=	1	0.000000
3	3	1	0.50	=>=	0.5	0.000001
7	3	1	2.50	>=	1	0.000000
7	3	1	2.50	>=	1	0.000000
7	3	1	2.50	>=	1	0.000000
9	5	1	2.50	>=	1	0.000000
9	2	1	4.00	>=	1	0.000000
6	3	1	2.00	>=	1	0.000000
12	4	1	4.50	>=	1	0.000000
3	3	1	0.50	=>=	0.5	0.000001
5	2	1	2.00	>=	1	0.000000
6	3	1	2.00	>=	1	0.000000
4	4	1	0.50	=>=	0.5	0.000001
6	3	1	2.00	>=	1	0.000000
4	5	1	0.00	=>=	0	0.000001
10	4	1	3.50	>=	1	0.000000
7	4	1	2.00	>=	1	0.000000
3	5	1	−0.50	=>=	−0.5	0.000002
8	3	1	3.00	>=	1	0.000000
5	4	1	1.00	=>=	1	0.000000
5	3	1	1.50	>=	1	0.000000
−2	−6	−1	1.50	>=	1	0.000000
−1	−6	−1	2.00	>=	1	0.000000
−3	−2	−1	−1.00	=>=	−1	0.000002
−3	−10	−1	3.00	>=	1	0.000000
−4	−6	−1	0.50	=>=	0.5	0.000001
−5	−5	−1	−0.50	=>=	−0.5	0.000002
−5	−2	−1	−2.00	=>=	−2	0.000003
−3	−7	−1	1.50	>=	1	0.000000
−2	−5	−1	1.00	=>=	1	0.000000
−3	−6	−1	1.00	=>=	1	0.000000
−3	−7	−1	1.50	>=	1	0.000000
−3	−5	−1	0.50	=>=	0.5	0.000001
−1	−8	−1	3.00	>=	1	0.000000
−2	−5	−1	1.00	=>=	1	0.000000
−3	−3	−1	−0.50	=>=	−0.5	0.000002

表 3.9 改定 LP-OLDF の分析結果 (M=1)

勉強	支出	定数項			1	1	
0.500000	−0.500000	0.500000				1.00	14.5
7	3	1	2.50	>=		1.00	0.000000
10	2	1	4.50	>=		1.00	0.000000
6	5	1	1.00	=>=		1.00	0.000000
2	4	1	−0.50	=>=		−0.50	1.500000
5	4	1	1.00	=>=		1.00	0.000000
3	3	1	0.50	=>=		0.50	0.500000
7	3	1	2.50	>=		1.00	0.000000
7	3	1	2.50	>=		1.00	0.000000
7	3	1	2.50	>=		1.00	0.000000
9	5	1	2.50	>=		1.00	0.000000
9	2	1	4.00	>=		1.00	0.000000
6	3	1	2.00	>=		1.00	0.000000
12	4	1	4.50	>=		1.00	0.000000
3	3	1	0.50	=>=		0.50	0.500000
5	2	1	2.00	>=		1.00	0.000000
6	3	1	2.00	>=		1.00	0.000000
4	4	1	0.50	=>=		0.50	0.500000
6	3	1	2.00	>=		1.00	0.000000
4	5	1	0.00	=>=		0.00	1.000000
10	4	1	3.50	>=		1.00	0.000000
7	4	1	2.00	>=		1.00	0.000000
3	5	1	−0.50	=>=		−0.50	1.500000
8	3	1	3.00	>=		1.00	0.000000
5	4	1	1.00	=>=		1.00	0.000000
5	3	1	1.50	>=		1.00	0.000000
−2	−6	−1	1.50	>=		1.00	0.000000
−1	−6	−1	2.00	>=		1.00	0.000000
−3	−2	−1	−1.00	=>=		−1.00	2.000000
−3	−10	−1	3.00	>=		1.00	0.000000
−4	−6	−1	0.50	=>=		0.50	0.500000
−5	−5	−1	−0.50	=>=		−0.50	1.500000
−5	−2	−1	−2.00	=>=		−2.00	3.000000
−3	−7	−1	1.50	>=		1.00	0.000000
−2	−5	−1	1.00	=>=		1.00	0.000000
−3	−6	−1	1.00	=>=		1.00	0.000000
−3	−7	−1	1.50	>=		1.00	0.000000
−3	−5	−1	0.50	=>=		0.50	0.500000
−1	−8	−1	3.00	>=		1.00	0.000000
−2	−5	−1	1.00	=>=		1.00	0.000000
−3	−3	−1	−0.50	=>=		−0.50	1.500000

3.2 改定 IP-OLDF と改定 LP-OLDF の提案

表 3.10 IP-OLDF の分析結果 ($M=10^6$)

勉強	支出	定数項			0	5	
0.000000	−0.200000	1.000000				1000000	3
7	3	1	0.4	>=	0	0	
10	2	1	0.6	>=	0	0	
6	5	1	0	=>=	0	0	
2	4	1	0.2	>=	0	0	
5	4	1	0.2	>=	0	0	
3	3	1	0.4	>=	0	0	
7	3	1	0.4	>=	0	0	
7	3	1	0.4	>=	0	0	
7	3	1	0.4	>=	0	0	
9	5	1	0	=>=	0	0	
9	2	1	0.6	>=	0	0	
6	3	1	0.4	>=	0	0	
12	4	1	0.2	>=	0	0	
3	3	1	0.4	>=	0	0	
5	2	1	0.6	>=	0	0	
6	3	1	0.4	>=	0	0	
4	4	1	0.2	>=	0	0	
6	3	1	0.4	>=	0	0	
4	5	1	0	=>=	0	0	
10	4	1	0.2	>=	0	0	
7	4	1	0.2	>=	0	0	
3	5	1	0	=>=	0	0	
8	3	1	0.4	>=	0	0	
5	4	1	0.2	>=	0	0	
5	3	1	0.4	>=	0	0	
−2	−6	−1	0.2	>=	0	0	
−1	−6	−1	0.2	>=	0	0	
−3	−2	−1	−0.6	>=	−100000	1	
−3	−10	−1	1	>=	0	0	
−4	−6	−1	0.2	>=	0	0	
−5	−5	−1	0	=>=	0	0	
−5	−2	−1	−0.6	>=	−100000	1	
−3	−7	−1	0.4	>=	0	0	
−2	−5	−1	0	=>=	0	0	
−3	−6	−1	0.2	>=	0	0	
−3	−7	−1	0.4	>=	0	0	
−3	−5	−1	0	=>=	0	0	
−1	−8	−1	0.6	>=	0	0	
−2	−5	−1	0	=>=	0	0	
−3	−3	−1	−0.4	>=	−100000	1	

表3.11 IP-OLDF の分析結果（M=10⁴）

勉強	支出	定数項		0	5	
0.000000	−0.200000	1.000000			10000	3
7	3	1	0.4	>=	0	0
10	2	1	0.6	>=	0	0
6	5	1	0	=>=	0	0
2	4	1	0.2	>=	0	0
5	4	1	0.2	>=	0	0
3	3	1	0.4	>=	0	0
7	3	1	0.4	>=	0	0
7	3	1	0.4	>=	0	0
7	3	1	0.4	>=	0	0
9	5	1	0	=>=	0	0
9	2	1	0.6	>=	0	0
6	3	1	0.4	>=	0	0
12	4	1	0.2	>=	0	0
3	3	1	0.4	>=	0	0
5	2	1	0.6	>=	0	0
6	3	1	0.4	>=	0	0
4	4	1	0.2	>=	0	0
6	3	1	0.4	>=	0	0
4	5	1	0	=>=	0	0
10	4	1	0.2	>=	0	0
7	4	1	0.2	>=	0	0
3	5	1	0	=>=	0	0
8	3	1	0.4	>=	0	0
5	4	1	0.2	>=	0	0
5	3	1	0.4	>=	0	0
−2	−6	−1	0.2	>=	0	0
−1	−6	−1	0.2	>=	0	0
−3	−2	−1	−0.6	>=	−10000	1
−3	−10	−1	1	>=	0	0
−4	−6	−1	0.2	>=	0	0
−5	−5	−1	0	=>=	0	0
−5	−2	−1	−0.6	>=	−10000	1
−3	−7	−1	0.4	>=	0	0
−2	−5	−1	0	=>=	0	0
−3	−6	−1	0.2	>=	0	0
−3	−7	−1	0.4	>=	0	0
−3	−5	−1	0	=>=	0	0
−1	−8	−1	0.6	>=	0	0
−2	−5	−1	0	=>=	0	0
−3	−3	−1	−0.4	>=	−10000	1

3.2 改定 IP-OLDF と改定 LP-OLDF の提案　　117

る．以上から，IP-OLDF はマージンを取って SV を求めていないので，BigM 定数を導入してもしなくても結果に影響がなく，一つの線形判別関数が求まる．欠点は，その判別超平面上の 8 個のケースを無条件に正しく判別されたとみなすことである．すなわち，判別超平面のケース数が説明変数の個数 p と同じ場合のみ，正しい MNM になる．

3.2.5　LP-OLDF の分析結果（What'sBest!10 版）

表 3.12 は，What'sBest!10 版による LP-OLDF の M = 1 の分析結果である．IP-OLDF（10 版）と同じく「支出 = 5」が判別超平面になる．3 個の判別得点が負になり，見かけ上の誤分類数になる．N3：N42 に比較条件が入っていて，これが「= > =」の 8 件が判別超平面上にある．これらの 8 ケースを誤分類されたかされないかを検証するのは大変である．また検証法がわかったとしても，それが MNM か否かはわからない．

表 3.13 は，LP-OLDF の M = 10000 の分析結果である．「支出 = 5」が判別超平面になる．表 3.12 と異なるのは，e_i の値が 0.0001 倍になっている点である．LP-OLDF も BigM 定数を用いる必要がなくただ一つの線形判別関数が求まる．

3.2.6　ま　と　め

表 3.14 は，改定 IP-OLDF，改定 LP-OLDF，IP-OLDF（旧版），LP-OLDF（旧版），LDF の判別関数の係数である．

IP-OLDF と LP-OLDF の新版は，「支出 = 5」という判別超平面を求めた．誤分類数は 3 であるが，この超平面上には合格と不合格の各 4 名の学生がいて，真の誤分類数はわからない．

これに対して，改定 IP-OLDF（M = 10^6）で得た判別関数は，$f(x) = 2 *$ 勉強時間 − 333333.33 * 支出 + 1666655.666 である．判別超平面は「支出 = ax +

表3.12 LP-OLDF の分析結果(M=1)

勉強	支出	定数項		0	5	
0	−0.2	1			1	1.60
7	3	1	0.4	>=	0	0.00
10	2	1	0.6	>=	0	0.00
6	5	1	0	=>=	0	0.00
2	4	1	0.2	>=	0	0.00
5	4	1	0.2	>=	0	0.00
3	3	1	0.4	>=	0	0.00
7	3	1	0.4	>=	0	0.00
7	3	1	0.4	>=	0	0.00
7	3	1	0.4	>=	0	0.00
9	5	1	0	=>=	0	0.00
9	2	1	0.6	>=	0	0.00
6	3	1	0.4	>=	0	0.00
12	4	1	0.2	>=	0	0.00
3	3	1	0.4	>=	0	0.00
5	2	1	0.6	>=	0	0.00
6	3	1	0.4	>=	0	0.00
4	4	1	0.2	>=	0	0.00
6	3	1	0.4	>=	0	0.00
4	5	1	0	=>=	0	0.00
10	4	1	0.2	>=	0	0.00
7	4	1	0.2	>=	0	0.00
3	5	1	0	=>=	0	0.00
8	3	1	0.4	>=	0	0.00
5	4	1	0.2	>=	0	0.00
5	3	1	0.4	>=	0	0.00
−2	−6	−1	0.2	>=	0	0.00
−1	−6	−1	0.2	>=	0	0.00
−3	−2	−1	−0.6	=>=	−0.6	0.60
−3	−10	−1	1	>=	0	0.00
−4	−6	−1	0.2	>=	0	0.00
−5	−5	−1	0	=>=	0	0.00
−5	−2	−1	−0.6	=>=	−0.6	0.60
−3	−7	−1	0.4	>=	0	0.00
−2	−5	−1	0	=>=	0	0.00
−3	−6	−1	0.2	>=	0	0.00
−3	−7	−1	0.4	>=	0	0.00
−3	−5	−1	0	=>=	0	0.00
−1	−8	−1	0.6	>=	0	0.00
−2	−5	−1	0	=>=	0	0.00
−3	−3	−1	−0.4	=>=	−0.4	0.40

3.2 改定 IP-OLDF と改定 LP-OLDF の提案

表 3.13 LP-OLDF の分析結果 (M=1000)

勉強	支出	定数項			0	5
0	−0.2	1			10000	0.00016
7	3	1	0.40	>=	0	0.00000
10	2	1	0.60	>=	0	0.00000
6	5	1	0.00	=>=	0	0.00000
2	4	1	0.20	>=	0	0.00000
5	4	1	0.20	>=	0	0.00000
3	3	1	0.40	>=	0	0.00000
7	3	1	0.40	>=	0	0.00000
7	3	1	0.40	>=	0	0.00000
7	3	1	0.40	>=	0	0.00000
9	5	1	0.00	=>=	0	0.00000
9	2	1	0.60	>=	0	0.00000
6	3	1	0.40	>=	0	0.00000
12	4	1	0.20	>=	0	0.00000
3	3	1	0.40	>=	0	0.00000
5	2	1	0.60	>=	0	0.00000
6	3	1	0.40	>=	0	0.00000
4	4	1	0.20	>=	0	0.00000
6	3	1	0.40	>=	0	0.00000
4	5	1	0.00	=>=	0	0.00000
10	4	1	0.20	>=	0	0.00000
7	4	1	0.20	>=	0	0.00000
3	5	1	0.00	=>=	0	0.00000
8	3	1	0.40	>=	0	0.00000
5	4	1	0.20	>=	0	0.00000
5	3	1	0.40	>=	0	0.00000
−2	−6	−1	0.20	>=	0	0.00000
−1	−6	−1	0.20	>=	0	0.00000
−3	−2	−1	−0.60	=>=	−0.6	0.00006
−3	−10	−1	1.00	>=	0	0.00000
−4	−6	−1	0.20	>=	0	0.00000
−5	−5	−1	0.00	=>=	0	0.00000
−5	−2	−1	−0.60	=>=	−0.6	0.00006
−3	−7	−1	0.40	>=	0	0.00000
−2	−5	−1	0.00	=>=	0	0.00000
−3	−6	−1	0.20	>=	0	0.00000
−3	−7	−1	0.40	>=	0	0.00000
−3	−5	−1	0.00	=>=	0	0.00000
−1	−8	−1	0.60	>=	0	0.00000
−2	−5	−1	0.00	=>=	0	0.00000
−3	−3	−1	−0.40	=>=	−0.4	0.00004

表3.14 6個の判別関数

	勉強時間(x)	支出(y)	定数項	$y = ax + b$
改定 IP-OLDF(M = 10^6)	2	−3.3E5	1.66E6	$y = 6\mathrm{E}-6*x + 4.999967$
改定 IP-OLDF(M = 30)	2	−10	39	$y = 0.2*x + 3.9$
改定 LP-OLDF(M = 1)	0.5	−0.5	0.5	$y = x + 1$
IP-OLDF(旧版)	0.333333	0	−1	$y = 3$
LP-OLDF(旧版)	0.2	0.04	−1	$y = -5*x + 25$
LDF	−0.66004	0.74987	−0.88487	$y = 0.880206*x + 1.18003$

$b = 0.000006*$勉強$+ 4.999967$」になる.(勉強時間,支出)$= (5, 4.999997)$,$(5.5, 5)$,$(6, 5.000003)$の3点を通る直線になる.このことから合格群の(勉強,飲酒)$= (3, 5)$と$(4, 5)$の2人が誤分類され,残りの6人は正しく判別される.これで,IP-OLDF(と LP-OLDF)の見かけの誤分類数の3を MNM $= 5$ に修正できる.すなわち,IP-OLDF と LP-OLDF の新版は,8個のケースで作られた頂点を求めたが,偶然にも最適凸体の頂点になっていた.IP-OLDF の選んだ「支出 $= 5$」という判別超平面を少し動いて改定 IP-OLDF の選んだ「支出 $= ax + b = 0.000006*$勉強$+ 4.999967$」という判別超平面に移ることは,IP-OLDF の選んだ頂点から最適凸体の内点に移動したことになる.

しかし,古い What'sBest! の版では IP-OLDF の判別超平面は「勉強 $= 3$」が求まり,この上に10件のケースがきて絶望に打ちのめされたわけである.LP-OLDF の旧版の解は右下がりの破線で示してある.これらは,確認したところ LINDO 社が筆者の研究を参考にアルゴリズムを改善したためである.

図3.2は,横軸に勉強時間(STURDY),縦軸に支出(MONEY)をプロットしたものである.「+」印は65点以下の15名の不合格者群,「□」印は70点以上の25名の合格者群である.

水平な実線は,改定 IP-OLDF(M $= 10^6$)で,新版の IP-OLDF と LP-OLDF はほぼ重なっている.右上がりの実線は改定 IP-OLDF(M $= 27.45$ の代わりに M $= 30$ を用いる)である.一点鎖線は LDF であり,破線は改定 LP-OLDF である.大きな破線の垂線は旧版の IP-OLDF で,右下がりの破線は LP-OLDF である.

3.3 SVMのアルゴリズムの秘密　121

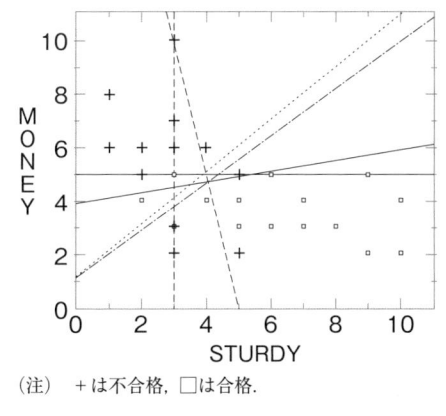

```
    10 ┤
     8 ┤
M    
O    6 ┤
N    
E    4 ┤
Y    
     2 ┤
     0 ┼────┬────┬────┬────┬────┬
     0    2    4    6    8   10
                STURDY
```
（注）　+は不合格，□は合格．

図3.2　説明変数の散布図

線形判別関数の結果がこのように広範に違うデータを作成した，高森先生に感謝したい．

3.3　SVMのアルゴリズムの秘密

1970年代から，数理計画法による判別分析（またはクラスター分析）の研究が数多く行われてきた．しかし，スタム(Stam, 1997)が指摘する通り，それらのモデルは統計分野で利用されていない．その一番大きな理由は，既存の判別手法と比較して判別成績が良いという実証研究がないためである．SVMは，この閉塞感を打開するものとして期待されている．また，カーネル・トリックというマジックで多くの研究者を魅惑している．

筆者はSVMの研究者は，ペナルティcの客観的な決定法と，統計的判別関数と比較して汎化能力を検証することの2点を統計ユーザーに明らかにすべきであると考えている．本書は，そのうちのペナルティcに関して，改定LP-OLDFと比較して問題点を提起したい．

3.3.1 S-SVM の分析結果

S-SVM は,マージン最大化基準($\|b\|^2/2$ の最小化)と SV の反対側にくるケースの距離の和(Σe_i)を最小化するという 2 目的最適化である.多目的最適化の基本は,重要な基準を目的関数に残し,残りを制約式に取り込むことである.例えば,ポートフォーリオ分析も,リスクの最小化を目的関数とし,利益の最大化を制約式に取り込んでいる.そして,リスクとリターンのトレード・オフを効率フロンティアで論じている.

  MIN Risk

  Return ≥ 1 (3.1)

S-SVM の問題点は,目的関数に単位の異なる 2 個の最適化基準をペナルティ c による加重和で単目的化していることである.そして c をどのように客観的に決定するかの議論が乏しい点である.

筆者は,c を 10^6,10^5,…,10^{-5},10^{-6} と 13 段階で客観的に変えて検討してきた.しかし,重要な変化点をとらえることは難しい.

  MIN $\|b\|^2/2 + c\Sigma e_i$

    $y_i * (x_i' b + b_0) >= 1 - e_i$ (2.7)

(1) S-SVM で $c = 10^6$ の場合の分析結果

表 3.15 は S-SVM で $c = 10^6$ の場合の分析結果である.J2:L2 に判別係数と定数項が表示される.判別超平面は,「支出 = 勉強 + 1(N1 が係数で O1 が定数項)」と改定 LP-OLDF と同じである.これは c が大きいと S-SVM の目的関数は,第 2 項が重要視されて第 1 項が評価されないため,改定 LP-OLDF と同じになる.判別超平面で 6 個が誤分類され,判別超平面上にケースはない.

M3:M42 に判別得点が計算され,合格者の SV は「支出 = 勉強 − 1」でケース(勉強,支出) = (6, 5),(5, 4)に,不合格の SV は「支出 = 勉強 + 3」でケース(2, 5),(3, 6)に固定される.SVM は 2 つのマージン間の距離の最大化を図るため,改定 IP-OLDF と異なり 2 つの SV が固定される.すなわち,

表3.15 SVM(C = 10^6)

	J	K	L	M	N	O	P
1	勉強	支出	定数項		1	1	1000000
2	0.50	−0.50	0.50		0.25	14.5	14500000.25
3	7	3	1	2.5	>=	1	0
4	10	2	1	4.5	>=	1	0
5	6	5	1	1	=>=	1	0
6	2	4	1	−0.5	=>=	−0.5	1.5
7	5	4	1	1	=>=	1	0
8	3	3	1	0.5	=>=	0.5	0.5
9	7	3	1	2.5	>=	1	0
10	7	3	1	2.5	>=	1	0
11	7	3	1	2.5	>=	1	0
12	9	5	1	2.5	>=	1	0
13	9	2	1	4	>=	1	0
14	6	3	1	2	>=	1	0
15	12	4	1	4.5	>=	1	0
16	3	3	1	0.5	=>=	0.5	0.5
17	5	2	1	2	>=	1	0
18	6	3	1	2	>=	1	0
19	4	4	1	0.5	=>=	0.5	0.5
20	6	3	1	2	>=	1	0
21	4	5	1	0	=>=	0	1
22	10	4	1	3.5	>=	1	0
23	7	4	1	2	>=	1	0
24	3	5	1	−0.5	=>=	−0.5	1.5
25	8	3	1	3	>=	1	0
26	5	4	1	1	=>=	1	0
27	5	3	1	1.5	>=	1	0
28	−2	−6	−1	1.5	>=	1	0
29	−1	−6	−1	2	>=	1	0
30	−3	−2	−1	−1	=>=	−1	2
31	−3	−10	−1	3	>=	1	0
32	−4	−6	−1	0.5	=>=	0.5	0.5
33	−5	−5	−1	−0.5	=>=	−0.5	1.5
34	−5	−2	−1	−2	=>=	−2	3
35	−3	−7	−1	1.5	>=	1	0
36	−2	−5	−1	1	=>=	1	0
37	−3	−6	−1	1	=>=	1	0
38	−3	−7	−1	1.5	>=	1	0
39	−3	−5	−1	0.5	=>=	0.5	0.5
40	−1	−8	−1	3	>=	1	0
41	−2	−5	−1	1	=>=	1	0
42	−3	−3	−1	−0.5	=>=	−0.5	1.5

少なくとも一方のSVは2個以上のケースで拘束される．このSV間に10個のケースがきていて，判別得点が0のものがある場合，誤分類数を修正する必要がある．

N2の値はSVMの第1項で0.25，O2は第2項の14.5である．P2は，P1のペナルティcを10^6としたSVMの目的関数（$\|b\|^2/2 + c * \Sigma e_i$）の1.45E7である．

cを10^6，10^5，10^4，10^3，10^2，10，1と7段階で変えても，同じケースが誤分類されることがわかった．これまでの経験で，cを1つの値で検証する場合，$c = 10$前後の値を用いることが考えられる．

（2） S-SVMで$c = 0.1$の場合の分析結果

表3.16は，$c = 0.1$の場合の分析結果である．判別超平面は「支出 = 2 * 勉強 − 3」である．判別超平面で5個が誤分類され（M3；M42の判別得点が負のケース），判別超平面上に4個のケースがくる（M3；M42の判別得点が0のケース）．

合格者のSVは「支出 = 2 * 勉強 − 7」でケース（勉強，支出）= (6, 5)，(5, 3)に，不合格のSVは「支出 = 2 * 勉強 + 1」でケース（勉強，支出）= (3, 7)，(2, 5)に固定される．このSV間に13個のケースがきて，そのうち4個の判別得点が0である．N2はSVMの第1項で0.156，O2は第2項で15である．P2は，cを10^{-1}としたSVMの目的関数の値1.66である．

表3.15と比較するとわかるが，cの減少に伴いマージン間の距離の逆数は0.25から0.156へ減少（マージンは増大）し，第2項の距離の和は14.5から15へ増大する．すなわちcを減少させると，第2項は過小評価されて距離の和は増大するが，それを行うにはマージン間の距離を増大させる必要がある．究極的には，2つのSV間のマージンが最大化され，2つのSVの間に多くのケースがきて停止することになる．

表3.16 SVM($c = 10^{-1}$)

	J	K	L	M	N	O	P
1	勉強	支出	定数項		2	−3	0.1
2	0.5	−0.25	−0.75		0.15625	15	1.656250
3	7	3	1	2.00	>=	1.00	0.000000
4	10	2	1	3.75	>=	1.00	0.000000
5	6	5	1	1.00	=>=	1.00	0.000000
6	2	4	1	−0.75	=>=	−0.75	1.750000
7	5	4	1	0.75	=>=	0.75	0.250000
8	3	3	1	0.00	=>=	0.00	1.000000
9	7	3	1	2.00	>=	1.00	0.000000
10	7	3	1	2.00	>=	1.00	0.000000
11	7	3	1	2.00	>=	1.00	0.000000
12	9	5	1	2.50	>=	1.00	0.000000
13	9	2	1	3.25	>=	1.00	0.000000
14	6	3	1	1.50	>=	1.00	0.000000
15	12	4	1	4.25	>=	1.00	0.000000
16	3	3	1	0.00	=>=	0.00	1.000000
17	5	2	1	1.25	>=	1.00	0.000000
18	6	3	1	1.50	>=	1.00	0.000000
19	4	4	1	0.25	=>=	0.25	0.750000
20	6	3	1	1.50	>=	1.00	0.000000
21	4	5	1	0.00	=>=	0.00	1.000000
22	10	4	1	3.25	>=	1.00	0.000000
23	7	4	1	1.75	>=	1.00	0.000000
24	3	5	1	−0.50	=>=	−0.50	1.500000
25	8	3	1	2.50	>=	1.00	0.000000
26	5	4	1	0.75	=>=	0.75	0.250000
27	5	3	1	1.00	=>=	1.00	0.000000
28	−2	−6	−1	1.25	>=	1.00	0.000000
29	−1	−6	−1	1.75	>=	1.00	0.000000
30	−3	−2	−1	−0.25	=>=	−0.25	1.250000
31	−3	−10	−1	1.75	>=	1.00	0.000000
32	−4	−6	−1	0.25	=>=	0.25	0.750000
33	−5	−5	−1	−0.50	=>=	−0.50	1.500000
34	−5	−2	−1	−1.25	=>=	−1.25	2.250000
35	−3	−7	−1	1.00	=>=	1.00	0.000000
36	−2	−5	−1	1.00	=>=	1.00	0.000000
37	−3	−6	−1	0.75	=>=	0.75	0.250000
38	−3	−7	−1	1.00	=>=	1.00	0.000000
39	−3	−5	−1	0.50	=>=	0.50	0.500000
40	−1	−8	−1	2.25	>=	1.00	0.000000
41	−2	−5	−1	1.00	=>=	1.00	0.000000
42	−3	−3	−1	0.00	=>=	0.00	1.000000

表3.17　SVM$(c = 10^{-2})$

	J	K	L	M	N	O	P
1	勉強	支出	定数項		1	2	0.01
2	0.20	−0.20	0.40		0.04	19	0.23
3	7	3	1	1.20	>=	1.00	0.00
4	10	2	1	2.00	>=	1.00	0.00
5	6	5	1	0.60	=>=	0.60	0.40
6	2	4	1	0.00	=>=	0.00	1.00
7	5	4	1	0.60	=>=	0.60	0.40
8	3	3	1	0.40	=>=	0.40	0.60
9	7	3	1	1.20	>=	1.00	0.00
10	7	3	1	1.20	>=	1.00	0.00
11	7	3	1	1.20	>=	1.00	0.00
12	9	5	1	1.20	>=	1.00	0.00
13	9	2	1	1.80	>=	1.00	0.00
14	6	3	1	1.00	=>=	1.00	0.00
15	12	4	1	2.00	>=	1.00	0.00
16	3	3	1	0.40	=>=	0.40	0.60
17	5	2	1	1.00	=>=	1.00	0.00
18	6	3	1	1.00	=>=	1.00	0.00
19	4	4	1	0.40	=>=	0.40	0.60
20	6	3	1	1.00	=>=	1.00	0.00
21	4	5	1	0.20	=>=	0.20	0.80
22	10	4	1	1.60	>=	1.00	0.00
23	7	4	1	1.00	=>=	1.00	0.00
24	3	5	1	0.00	=>=	0.00	1.00
25	8	3	1	1.40	>=	1.00	0.00
26	5	4	1	0.60	=>=	0.60	0.40
27	5	3	1	0.80	=>=	0.80	0.20
28	−2	−6	−1	0.40	=>=	0.40	0.60
29	−1	−6	−1	0.60	=>=	0.60	0.40
30	−3	−2	−1	−0.60	=>=	−0.60	1.60
31	−3	−10	−1	1.00	=>=	1.00	0.00
32	−4	−6	−1	0.00	=>=	0.00	1.00
33	−5	−5	−1	−0.40	=>=	−0.40	1.40
34	−5	−2	−1	−1.00	=>=	−1.00	2.00
35	−3	−7	−1	0.40	=>=	0.40	0.60
36	−2	−5	−1	0.20	=>=	0.20	0.80
37	−3	−6	−1	0.20	=>=	0.20	0.80
38	−3	−7	−1	0.40	=>=	0.40	0.60
39	−3	−5	−1	0.00	=>=	0.00	1.00
40	−1	−8	−1	1.00	=>=	1.00	0.00
41	−2	−5	−1	0.20	=>=	0.20	0.80
42	−3	−3	−1	−0.40	=>=	−0.40	1.40

3.3 SVM のアルゴリズムの秘密

(3) S-SVM で $c = 10^{-2}$ の場合の分析結果

表3.17 は，$c = 10^{-2}$ の場合の分析結果である．判別超平面は，「支出 = 勉強 + 2」である．判別超平面で 4 個が誤分類され(M3：M42 の判別得点が負のケース)，判別超平面上に 4 個のケースがくる(M3：M42 の判別得点が 0 のケース)．

合格者の SV は「支出 = 勉強 - 3」でケース(勉強，支出) = (6, 3)，(5, 2)，(7, 4)に，不合格の SV は「支出 = 勉強 + 7」でケース(3, 10)，(1, 8)に固定される．この SV 間に 22 個のケースがきて，そのうち 4 個の判別得点が 0 である．N2 は SVM の第 1 項で 0.04，O2 は第 2 項で 19 である．P2 は，P1 のペナルティ c を 10^6 とした SVM の目的関数で 0.23 である．

3.3.2 改定 LP-OLDF とソフトマージン最大化による SVM の比較

「学生の成績」データを用いて，改定 LP-OLDF とソフトマージン最大化による SVM の比較を行う．表3.18 と図3.3 はその結果である．図の□印は合格群，+印は不合格群である．

表3.18 改定 LP-OLDF と SVM の比較

c の値	L1	L2	SVM	判別関数，合格と不合格の SV 支出 = b * 勉強 + c	SV 上のケース 合格群	SV 上のケース 不合格群	誤分類数
① 10^6	0.25	14.5	1.4E7	$y = x + 1, x - 1, x + 3$	(6,5),(5,4)	(2,5),(3,6)	6 + 1
⑤ 10^{-1}	0.16	15	1.66	$y = 2x - 3, 2x - 7, 2x + 1$	(6,5),(5,3)	(3,7),(2,5)	5 + 4
③ 10^{-2}	0.04	19	0.23	$y = x + 2, x - 3, x + 7$	(6,3),(5,2),(7,4)	(3,10),(1,8)	4 + 4
改定 LP-OLDF	0.25	14.50		$y = x + 1, x - 1, x + 3$	(6,5),(5,4)	(2,5),(3,6)	6 + 1
改定 IP-OLDF	0			$y = 6E - 6X + 4.9999$	(6,5)	(5,5)	5

注：L1 = $\|b\|^2/2$，L2 = Σe_i

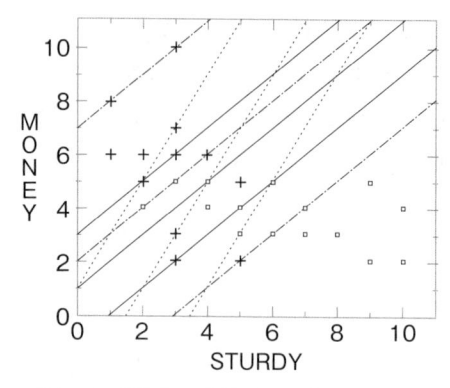

図3.3 「学生の成績データ」の散布図

（1） SVM の結果

SVM を c の値で大きく 4 つに分けて検討した．c の決定は，ヒューリスティックに何度か計算を行い決めた．

1) c が 10^6 から 1 の場合（実線）

c の値を 10^6 に設定すると，SVM の判別超平面は「支出＝勉強時間＋1」になる．6人の学生が誤分類され，判別超平面上に1件くる．合格群のSVは $(6, 5)$，$(5, 4)$ で，不合格群は $(2, 5)$，$(3, 6)$ で固定される．図3.3 の 3 本の真ん中の実線は判別超平面で，下側が合格群のSVで，上側が合格群のSVである．

2) c が 0.1 の場合（点線）

c の値を 0.1 に設定すると，判別超平面は「支出＝2＊勉強時間－3」になる．合格群のSVは「支出＝2＊勉強時間－7」でケース $(2, 5)$ と $(3, 7)$ で拘束される．不合格群のSVは「支出＝2＊勉強時間＋1」でケース $(5, 3)$ と $(6, 5)$ で拘束される．

図3.3 の 3 本の点線で表される．これらはSVを表す実線がケース $(6, 5)$ と $(2, 5)$ を回転の中心として時計と逆方向に回転する．そして，ケース $(3, 7)$，$(5, 3)$ で回転が止まる．次に，きっとこのケース $(3, 7)$ と $(5, 3)$ を中心にし

て回転するが，$c = 10^{-3}$の一点鎖線に至るミッシングリングはわかっていない．

3) cが0.01の場合（一点鎖線）

cの値を0.01に設定すると，判別超平面は「支出＝勉強時間＋2」になる．合格群のSVは「支出＝勉強時間－3」で，ケース(6, 3)と(5, 2)と(7, 4)で拘束される．不合格群のSVは「支出＝勉強時間＋7」で，ケース(1, 8)と(3, 10)で拘束される．5人の学生が誤分類された．

4) cが0.001以下あるいは0の場合

cを0.001以下あるいは0に固定すると，全てのケースが合格群と判定され，不合格群の15個が誤分類される．図3.3の一点鎖線以降の様子がまだ解明できない．

（2） 改定IP-OLDFと改定LP-OLDFの結果

表3.18には，改定IP-OLDFと改定LP-OLDFの結果が示してある．

改定LP-OLDFの結果は，SVMのcが1以上と同じである．SVMはいってみれば$\|b\|^2$とΣe_iの2目的最適化である．cを大きくしていくことは結局$\|b\|^2$の影響を無視することになり，改定LP-OLDFと同じになる．

（3） ペナルティcの問題点

SVMの研究者が，cの値をどのように決定しているのか論文を見てもわからない．しかし，彼らが使うチューニングという言葉から，cを適当に何段階かで変えて，汎化性の良いモデルを選んでいる事が考えられる．

今回の研究でcの値を10^6から10^{-6}まで13段階で減少させることで，①→②→③とある点を中心に回転し，マージンとΣe_iを増加させることが明らかになった．しかし，③から④への道筋は明らかでない．

3.4 数理計画法による線形判別関数のまとめ

(1) 改定 IP-OLDF と IP-OLDF

改定 IP-OLDF はマージンと BigM 定数を $M = 10^6$ のように設定することで，SV で誤分類されるケースが $y_i f(x_i) = -99,999$ という超平面に引っ張られ，2 つの SV 間にケースがこなくする手法である．この結果，最適凸体の内点が直接求まることになる．ただし，$M = 27.43$ のように小さくすると SV 間にケースがきて，この前提が崩れる．判別得点が開区間 $(-1, 1)$ に含まれないことを確認する必要がある．

IP-OLDF は，マージンを取っていないので，BigM 定数を導入しても効果がない．判別得点が 0 のものが p 個の場合，MNM は正しい解になる．$(p + 1)$ 個以上ある場合，MNM は正しくない場合がある．

(2) 改定 LP-OLDF と LP-OLDF

改定 LP-OLDF は，SV で誤分類されるケースの距離の和を最小化しているので，BigM 定数を設定する必要がなく $M = 1$ と固定して解けばよい．判別得点が開区間 $(-1, 1)$ にも含まれ，特に $e_i = 1$ の場合に判別得点が 0 になり，正しい誤分類数は得られない．ただし，LP-OLDF に比べて，誤分類数は著しく改善された．

LP-OLDF は，マージンを取っていないので，BigM 定数を導入しても効果がない．$e_i = 1$ の場合，判別得点が 0 になり，正しい誤分類数は得られない．

(3) H-SVM と S-SVM とカーネル SVM

H-SVM はマージン最大化という新しい概念を判別分析の世界に示してくれた．そして，汎化能力が高いことを主張している．

しかし，S-SVM はマージンと誤分類されるケースの距離の和のトレードオフであり，H-SVM で得られた判別分析への貢献が期待できない．単に，改定 LP-OLDF から出発し，ペナルティ c を小さくしていくと，SV 間のマージン

を拡大し，それに合わせて距離の和を増大させる．S-SVM は 2 次計画法で定式化されるが，SV に選ぶケースを上手く選択すれば改定 LP-OLDF を逐次適用した方が計算上早い．しかし，そのような場当たり的なことをやっても，線形判別関数である以上，教師データで MNM より少ない NM は得られない．

　SVM の研究者は，SVM は H-SVM，S-SVM からカーネル SVM へ進歩発展し，カーネル SVM こそが SVM 研究の中心であると主張する人が多い．しかし，図 2.3 で見たように，S-SVM のペナルティ c とは別種類のチューニングの失敗でおかしな判別結果が出るのも事実である．そもそも数理計画法という最適化手法を使いながら，最後の段階で人間の恣意的なチューニングが幅を利かせるのもおかしな話である．また，2 次判別関数の問題で明らかなように，モデルのパラメータ数を増やしていけば，教師データで当てはめが良くなるが，評価データで悪くなるのは当然である．SVM の研究者は，筆者が第 5 章で行ったような既存の手法との比較実験を行うべきであろう．

第4章 LINGOによる誤分類数の検証

　本章では4種類の実データを用いて，改定 LP-OLDF と S-SVM の誤分類数を改定 IP-OLDF の MNM と比較する．そして改定 LP-OLDF と S-SVM は，判別超平面上のケースの扱いを正しく処理できないことの問題点を明らかにする．LDF やロジスティック回帰でも判別超平面上のケースを数え上げて，この評価を行うべきであるが，この作業は統計ソフトの開発企業が行うべきと考え，本書では扱わない．

　本章の執筆に際して LINGO で総当たり法を汎用モデルとして定式化して連続処理をした(付録 A)．

　第3章までは What'sBest! という Excel のアドインの数理計画法ソフトを用いた．第4章と第5章で LINGO を用いるのは，複数の最適化モデルの最適化が簡単に行えるからである．SET 節の集合で同一オブジェクトに属する複数の多次元配列を定義する．そして DATA 節で，Excel 等のデータ管理ソフトにおいてセル名でセル範囲を定義し，LINGO の同名の配列との間で入出力できる．それを CALC 節で，複数の最適化計算を制御し計算し，結果を Excel に出力できる．

　これで統計を含め，すべての数式で表される問題の解決が数理計画法ソフトで容易に行えるようになった．

4.1 学生データの誤分類数

「学生データ」は40件とケース数が一番少ないので，分析結果の詳細を示す．他のデータは，判別係数と誤分類数だけを示す．

4.1.1 改定 IP-OLDF の結果

(1) 判別係数と MNM

表4.1は，31個の判別係数と MNM の値である．判別係数が異常に大きいものがある．判別係数の値を定数項で割るとIP-OLDF が定義する最適凸体の内点の値に変換される．この判別関数による個々のケースの判別結果は同じになる．これは判別関数が係数を定数項倍しても判別結果は同じことに起因している．

MNM は，2変数から5変数までで3が最小値である．これらのモデルは4変数の最後のモデルを除いて全て X3(支出)と X5(飲酒日数)を含んでいる．すなわち，統計的な変数選択法ではわからなかったが，このデータはこの2変数で十分と考えられる．逐次変数選択法では，X2(勉強時間)と X3(支出)が選ばれるのと異なっている．

(2) 判別得点

表4.2の S1($p=5$ の判別得点)から S31($p=1$ の最後の判別得点)は，表4.1の5変数から1変数の31個のモデルに対応した40人の学生の判別得点である．注意すべきは，制約式の右辺定数項に BigM 定数を導入し「1 − 1000000 * e_i」とした影響で，正しく判別されるものは1以上，誤分類されるものは閉区間 [−1, −999999] に含まれている．SV で正しく判別されないケースが −999999 という超平面に引っ張られた結果であることを実際の表の値で確認してほしい．これで |判別得点| < 1 のケースがなくなるので，判別超平面上にケースがこない．すなわち，IP-OLDF で定義された判別係数の空間で最適

4.1 学生データの誤分類数

表4.1 15個の判別係数とMNMの値(CPU：6秒)

p	X1(性別)	X2(勉強時間)	X3(支出)	X4(喫煙)	X5(飲酒)	定数項	MNM
5	-60605.94	60605.94	-333332.67	60605.94	-151514.85	1575755.42	3
4		18181.82	-218181.82	399998.00	-145454.55	1127273.73	3
4	-0.40		-333332.53	0.40	-0.80	1666664.47	3
4	222221.11	111111.56		-333332.67	-444444.22	555552.78	4
4	-349998.90	99999.40	-249999.50		-50000.70	1250000.50	3
4	-105261.79	52631.89	-315789.37	210525.58		1263156.47	3
3			-2	1	-1	12	3
3		1		-1	-3	2	5
3	2			-333331.33	-333333.33	666665.67	6
3		0	-333332.67		-111110.89	1777775.22	3
3	-111111.11		-222222.22		-111111.11	1555554.56	3
3	-5	4			-3	-7	5
3		111110.44	-333333.33	222220.89		1111113.44	4
3	-2		-2	-2		11	5
3	499999.00	250000.50		-499999.00		-750002.50	5
3	-2	2	-333332.00			1666655.00	4
2				-2	-499999.00	999999.00	7
2			-333332.67		-1	1666665.33	3
2		2			-4	-1	5
2	2				-2	3	7
2			-2	-2		11	6
2		499998.67		499996.67		-1999993.67	7
2	0			-2		1	13
2		199998.40	-200000.40			400007.80	5
2	-2		-2			11.00	6
2	0	249998.00				-749995.00	7
1					-2	5	8
1				-2		1	13
1			-2			9	7
1		333332.67				-1333329.67	7
1	0					1	15

表 4.2　15 個の判別関数の判別得点（S9 以降省略）

S1	S2	S3	S4	S5	S6	S7	S8
848484.2	854544.5	666666.1	777777.9	799998.2	789475.4	6	5
1454543.5	872728.3	999999.0	1888889.4	1399996.6	1052634.9	8	12
121212.9	1.0	1.0	777777.9	549998.7	1.0	1	5
1.0	1.0	333332.3	111108.6	1.0	1.0	2	-2
1.0	163635.4	333331.5	-999999.0	549996.7	473684.1	1	-6
545454.5	381819.2	666665.7	666664.3	400000.6	368422.3	5	2
999999.0	600001.0	666666.9	1333333.7	1199997.8	684211.6	6	9
1060604.9	999999.0	666667.3	1000001.0	1199997.8	894737.2	7	8
939393.1	600001.0	666666.5	1555554.8	849998.9	578949.8	6	9
303030.7	54546.5	1.0	1111112.6	849996.9	157896.7	1	8
1393937.6	854546.5	999999.0	1777777.9	1299997.2	1000003.0	8	11
575757.4	290910.1	666664.9	555554.8	649998.1	526317.9	4	2
818181.2	327273.7	333333.5	1444447.2	1399994.6	631581.7	3	11
363636.6	490908.1	666664.9	-777777.9	649998.1	684209.6	4	-5
1121210.9	1036362.6	999999.0	333333.7	1199997.8	1105262.8	8	3
939393.1	981817.2	666666.9	1111110.6	749999.5	736843.5	7	7
272727.7	181819.2	333333.1	777775.9	250000.5	105264.8	3	3
696969.3	690908.1	666665.7	1.0	999997.0	842105.3	5	1
1.0	363635.4	1.0	444443.2	1.0	1.0	2	2
393939.6	1.0	333331.9	333335.7	1099994.4	526317.9	1	3
454545.5	236364.6	333333.1	1111110.6	549998.7	263160.5	3	6
1.0	345453.5	1.4	111110.6	250000.5	52630.9	2	1
999999.0	618182.8	666666.5	1666666.3	949998.3	631581.7	6	10
393939.6	200001.0	333333.5	666666.3	699998.8	263158.5	3	4
515151.5	272728.3	666664.9	444443.2	549998.7	473686.1	4	1
757573.2	581817.2	333333.1	555556.8	199999.8	526315.9	3	5
1060602.9	490910.1	333334.3	1888889.4	400000.6	368422.3	4	13
-999999.0	-999999.0	-999999.0	-111110.6	-999999.0	-999999.0	-8	-1
2424236.6	1472728.3	1666665.3	2111110.6	1250000.5	1526315.9	13	14
484846.5	1.0	333332.3	1.0	299999.2	315788.4	1	1
303028.7	309089.9	1.0	1.0	1.0	157892.7	1	2
-999999.0	-636364.6	-999998.2	-888887.4	-849998.9	-789475.4	-7	-4
1272723.7	672728.3	666666.9	1666666.3	450001.3	578947.8	6	11
515149.5	109091.9	1.0	1333333.7	1.0	1.0	1	9
545452.5	418180.8	333332.3	1.0	49999.7	473684.1	2	1

表4.2 つ づ き

S1	S2	S3	S4	S5	S6	S7	S8
1030300.0	381819.2	666665.7	555556.8	699998.8	684209.6	4	5
515149.5	90910.1	1.4	1000001.0	250000.5	52630.9	1	8
2030298.0	1218182.8	1000001.0	2777777.9	1000001.0	1000001.0	10	19
515149.5	109091.9	1.0	1333333.7	1.0	1.0	1	9
-515151.5	-636362.6	-666665.7	333333.7	-699998.8	-684209.6	-5	2

凸体の内点を直接求めたことになる．また判別係数が整数の場合，判別得点も整数値になる．

S1は5変数のフルモデルであり，MNM = 3である．不合格者の3人が誤分類され，そのうち2人の判別得点が-999999に拘束されている．S7(p = 3の最初のモデルの判別得点)はMNM = 3であるが，誤分類される3人の判別得点は-8，-7，-5で，残り37人は[1, 13]の狭い範囲の得点になる．S1とS7の違いの原因を今後検討すべきであろう．

4.1.2 改定 LP-OLDF の結果

(1) 判別係数と誤分類数

表4.3は，改定LP-OLDFの結果である．NM列は改定LP-OLDFの誤分類数である．ZERO列は判別得点が0のケース数であり，これが1以上の場合，実際の誤分類数はこの値だけ増える可能性がある．すなわち31個の判別分析のうち13個の誤分類数が正しくない可能性がある．

また，3変数のモデルで，上から2個のX4の判別係数が0であり，3番目はX1とX4が0であり，8番と9番はX1が0になる．これらのモデルがもし凸体の内点であれば，係数が0でないものもあるが，判別関数としては同じケースを正しく判別し，残りを誤分類することになる．判別係数の95%信頼区間に0が含まれておれば，5%間違う可能性はあるが0と判定することに対応している．

表 4.3　改定 LP-OLDF の結果 (2 秒)

p	X1(性別)	X2(勉強時間)	X3(支出)	X4(喫煙)	X5(飲酒)	定数項	NM	ZERO
5	−0.2857143	0.28571	−0.571429	0.8571	−0.5714286	2.714	4	0
4		0.2	−0.4	0.4	−0.6	2.4	5	0
4	−0.6666667		−0.666667	0	−0.6666667	5	4	0
4	0	0.33333		0	−0.6666667	0.333	7	0
4	0	0.16667	−0.333333		−0.5	2.167	4	0
4	−0.1176471	0.35294	−0.588235	−0.5882		1.824	6	0
3			−0.333333	0	−0.6666667	3.333	5	2
3		0.33333		0	−0.6666667	0.333	6	3
3	0			0	−0.6666667	1.667	8	0
3		0.16667	−0.333333		−0.5	2.167	4	0
3	−0.6666667		−0.666667		−0.6666667	5	4	0
3	0	0.33333			−0.6666667	0.333	6	3
3		0.36364	−0.545455	−0.5455		1.545	6	0
3	0		−1	−1		5	5	4
3	0	1		−1		−3	5	4
3	0.5	0.5	−0.5			0.5	5	3
2				0	−0.6666667	1.667	8	0
2			−0.333333		−0.6666667	3.333	4	3
2		0.33333			−0.6666667	0.333	8	0
2	0				−0.6666667	1.667	8	0
2			−1	−1		5	5	4
2		0.66667		−0.6667		−2.333	7	0
2	0			−2		1	13	0
2		0.5	−0.5			0.5	6	1
2	0		−1			5.000	3	8
2	0	1				−4	6	3
1					−0.6666667	1.667	8	0
1				−2		1	13	0
1			−1			5	3	8
1		1				−4	6	3
1	0					1	15	0

2 変数と 1 変数のモデルでも X1 と X4 の判別係数が 0 のものもある．最後の 31 番目の 1 変数モデルは X1 の係数が 0 であり，全てを合格と判定するので，15 名の不合格者が合格と誤分類される．

(2) 判別得点

31 個の改定 LP-OLDF の判別得点を検討すると，判別得点の絶対値が 1 以下のものが表れてくるので，判別得点が 0 になることを避けられない．これは数理計画法における判別関数の避けられない問題点である．

4.1.3 SVM の判別関数

表 4.4 は，SVM の結果である．ペナルティ c を 10 にして解いたものである．NM 列は SVM の誤分類数である．ZERO 列は判別得点が 0 のケース数である．判別係数が 0 のモデルが 31 個中 16 個ある．

マージンを取っているが，改定 IP-OLDF のように BigM 定数を用いていないために判別得点が 0 になることを避けられない．

4.1.4 改定 LP-OLDF と SVM の誤分類数を MNM と比較する

表 4.5 は，1 列目は説明変数の個数 (p) を表す．2 列目は，改定 IP-OLDF で求めた MNM である．

3 列目と 4 列目は改定 LP-OLDF の NM と ZERO(判別超平面上のケース数) の値である．5 列目と 6 列目は SVM の NM と ZERO の値である．NM と ZERO の合計は，4 変数で 1 個 SVM の方が大きく，3 変数では 4 個改定 LP-OLDF の方が大きく，他は同じである．この点からは，SVM の成績が良い可能性が考えられる．

7 列目は改定 LP-OLDF の NM と ZERO の合計から MNM を引いた値である (NM1)．改定 LP-OLDF の誤分類数が最大この値だけ MNM より大きいこ

表 4.4 SVM の結果(CPU：2 秒)

p	X1（性別）	X2（勉強時間）	X3（支出）	X4（喫煙）	X5（飲酒）	定項項	NM	ZERO
5	−0.286	0.286	−0.571	0.857	−0.571	2.714	4	0
4		0.2	−0.4	0.4	−0.6	2.4	4	2
4	−0.667		−0.667	0	−0.667	5	4	0
4	0	0.333		0	−0.667	0.333	7	0
4	0	0.167	−0.333		−0.5	2.167	4	0
4	−0.118	0.353	−0.588	−0.588		1.824	6	0
3			−0.333	0	−0.667	3.333	4	3
3		0.333		0	−0.667	0.333	7	0
3	0			0	−0.667	1.667	8	0
3		0.167	−0.333		−0.5	2.167	4	0
3	−0.667		−0.667		−0.667	5	4	0
3	0	0.333			−0.667	0.333	7	0
3		0.364	−0.545	−0.545		1.545	6	0
3	0		−1	−1		5	5	4
3	0	0.8		−0.4		−3	7	0
3	0	0.5	−0.5			0.5	7	0
2				0	−0.667	1.667	8	0
2			−0.333		−0.667	3.333	4	3
2		0.333			−0.667	0.333	8	0
2	0				−0.667	1.667	8	0
2			−1	−1		5	5	4
2		0.8		−0.4		−3	7	0
2	0			−2		1	13	0
2		0.5	−0.5			0.5	7	0
2	0		−1			5.000	3	8
2	0	1				−4	6	3
1					−0.667	1.667	8	0
1				−2		1	13	0
1			−1			5	3	8
1		1				−4	6	3
1	0					1	15	0

4.1 学生データの誤分類数

表 4.5 改定 LP-OLDF と SVM の誤分類数と MNM の比較

	改定IP	改定LP		SVM		LP−IP		SVM−IP	
p	MNM	NM	ZERO	NM	ZERO	NM1	NM2	NM1	NM2
5	3	4	0	4	0	1	1	1	1
4	3	5	0	4	2	2	2	3	1
4	3	4	0	4	0	1	1	1	1
4	4	7	0	7	0	3	3	3	3
4	3	4	0	4	0	1	1	1	1
4	3	6	0	6	0	3	3	3	3
3	3	5	2	4	3	4	2	4	1
3	5	6	3	7	0	4	1	2	2
3	6	8	0	8	0	2	2	2	2
3	3	4	0	4	0	1	1	1	1
3	3	4	0	4	0	1	1	1	1
3	5	6	3	7	0	4	1	2	2
3	4	6	0	6	0	2	2	2	2
3	5	5	4	5	4	4	0	4	0
3	5	5	4	7	0	4	0	2	2
3	4	5	3	7	0	4	1	3	3
2	7	8	0	8	0	1	1	1	1
2	3	4	3	4	3	4	1	4	1
2	5	8	0	8	0	3	3	3	3
2	7	8	0	8	0	1	1	1	1
2	6	5	4	5	4	3	−1	3	−1
2	7	7	0	7	0	0	0	0	0
2	13	13	0	13	0	0	0	0	0
2	5	6	1	7	0	2	1	2	2
2	6	3	8	3	8	5	−3	5	−3
2	7	6	3	6	3	2	−1	2	−1
1	8	8	0	8	0	0	0	0	0
1	13	13	0	13	0	0	0	0	0
1	7	3	8	3	8	4	−4	4	−4
1	7	6	3	6	3	2	−1	2	−1
1	15	15	0	15	0	0	0	0	0

とを示す．3変数以上では，全てのモデルでMNMより大きくなっている．8列目は改定LP-OLDFのNMからMNMを引いた値である（NM2）．2変数で3個，1変数で2個負のものがあるが，これは改定LP-OLDFの誤分類数が明らかに正しくないことを示す．負でないモデルでは間違いがあるか否かは判断できない．

9列目はSVMのNMとZEROの合計からMNMを引いた値である．SVMの誤分類数が最大この値だけMNMより大きいことを示す．3変数以上では，全てのモデルでMNMより大きくなっている．10列目は改定LP-OLDFのNMからMNMを引いた値である．2変数で3個，1変数で2個負のものがあるが，これは改定LP-OLDFの誤分類数が正しくないことを示す．

4.2　アイリスデータの誤分類数

表4.6は，1列目は説明変数の個数(p)を表す．2列目は，改定IP-OLDFで求めたMNMである．

3列目と4列目は改定LP-OLDFのNMとZERO（判別超平面上のケース数）の値である．5列目と6列目はSVMのNMとZEROの値である．NMとZEROの合計は，4個のモデルでSVMの方が大きく，2個のモデルで改定LP-OLDFの方が大きく，他は同じである．この点からは，改定LP-OLDFの成績が良いようだ．

7列目は改定LP-OLDFのNMとZEROの合計からMNMを引いた値である（NM1）．改定LP-OLDFの誤分類数が最大この値だけMNMより大きいことを示す．10個のモデルでMNMより大きくなっている．8列目は改定LP-OLDFのNMからMNMを引いた値である（NM2）．2個負のものがあるが，これは改定LP-OLDFの誤分類数が正しくないことを示す．

9列目はSVMのNMとZEROの合計からMNMを引いた値である．SVMの誤分類数が最大この値だけMNMより大きいことを示す．12個のモデルでMNMより大きくなっている．10列目はSVMのNMからMNMを引いた値

4.3 銀行データの誤分類数

表 4.6 改定 LP-OLDF と SVM の誤分類数と MNM の比較

p	改定IP MNM	改定LP NM	改定LP ZERO	SVM NM	SVM ZERO	LP−IP NM1	LP−IP NM2	SVM−IP NM1	SVM−IP NM2
1	6	6	0	6	0	0	0	0	0
1	7	7	0	5	5	0	0	3	−2
1	27	25	4	25	4	2	−2	2	−2
1	37	34	14	34	14	11	−3	11	−3
2	5	6	0	7	0	1	1	2	2
2	3	6	0	5	0	3	3	2	2
2	4	5	0	5	0	1	1	1	1
2	5	6	0	6	0	1	1	1	1
2	6	6	0	6	0	0	0	0	0
2	25	27	0	27	0	2	2	2	2
3	2	2	0	3	0	0	0	1	1
3	2	2	0	2	0	0	0	0	0
3	4	7	0	7	0	3	3	3	3
3	2	4	1	4	0	3	2	2	2
4	1	2	0	3	0	1	1	2	2

である.3個負のものがあるが,これはSVMの誤分類数が正しくないことを示す.

以上から総合的に改定 LP-OLDF の方が良いようだ.

4.3 銀行データの誤分類数

表 4.7 は,1列目は説明変数の個数(p)を表す.2列目は,改定 IP-OLDF で求めた MNM である.

3列目と4列目は改定 LP-OLDF の NM と ZERO(判別超平面上のケース数)の値である.5列目と6列目は SVM の NM と ZERO の値である.NM と ZERO の合計は,12個のモデルで SVM の方が大きく,2個のモデルで改定 LP-OLDF の方が大きく,他は同じである.この点からは,改定 LP-OLDF の成績が良いようだ.

表 4.7 改定 LP-OLDF と SVM の誤分類数と MNM の比較

p	改定IP	改定LP		SVM		LP−IP		SVM−IP	
	MNM	NM	ZERO	NM	ZERO	NM1	NM2	NM1	NM2
6	0	0	0	0	0	0	0	0	0
5	0	0	0	0	0	0	0	0	0
5	0	0	0	0	0	0	0	0	0
5	0	0	0	0	0	0	0	0	0
5	1	1	0	1	0	0	0	0	0
5	0	0	0	1	0	0	0	1	1
5	2	3	0	3	0	1	1	1	1
4	0	0	0	0	0	0	0	0	0
4	0	0	0	0	0	0	0	0	0
4	0	0	0	0	0	0	0	0	0
4	1	1	0	1	0	0	0	0	0
4	1	1	0	1	0	0	0	0	0
4	1	1	0	1	0	0	0	0	0
4	0	0	0	1	0	0	0	1	1
4	0	0	0	1	0	0	0	1	1
4	0	0	0	1	0	0	0	1	1
4	1	1	0	1	0	0	0	0	0
4	2	3	0	3	0	1	1	1	1
4	2	3	0	3	0	1	1	1	1
4	2	3	0	3	0	1	1	1	1
4	18	22	0	23	0	4	4	5	5
4	12	17	0	17	0	5	5	5	5
3	0	0	0	0	0	0	0	0	0
3	1	1	0	1	0	0	0	0	0
3	1	1	0	1	0	0	0	0	0
3	1	1	0	1	0	0	0	0	0
3	0	0	0	1	0	0	0	1	1
3	0	0	0	1	0	0	0	1	1
3	0	0	0	1	0	0	0	1	1
3	1	1	0	1	0	0	0	0	0
3	1	1	0	1	0	0	0	0	0
3	1	1	0	1	0	0	0	0	0
3	2	3	0	3	0	1	1	1	1
3	2	2	0	3	0	0	0	1	1

表4.7 つづき

p	改定IP	改定LP		SVM		LP−IP		SVM−IP	
	MNM	NM	ZERO	NM	ZERO	NM1	NM2	NM1	NM2
3	2	4	0	4	0	2	2	2	2
3	24	30	0	<u>31</u>	<u>0</u>	6	6	7	7
3	19	26	0	26	0	7	7	7	7
3	24	<u>26</u>	<u>0</u>	25	0	2	2	1	1
3	13	17	0	17	0	4	4	4	4
3	13	17	0	17	0	4	4	4	4
3	13	19	0	19	0	6	6	6	6
3	31	36	0	36	0	5	5	5	5
2	1	1	0	1	0	0	0	0	0
2	0	0	0	<u>1</u>	<u>0</u>	0	0	1	1
2	1	1	0	1	0	0	0	0	0
2	1	1	0	1	0	0	0	0	0
2	1	1	0	1	0	0	0	0	0
2	3	4	0	4	0	1	1	1	1
2	25	29	0	<u>28</u>	<u>6</u>	4	4	9	3
2	31	<u>32</u>	<u>4</u>	34	0	5	1	3	3
2	34	43	5	41	7	14	9	14	7
2	14	17	0	17	0	3	3	3	3
2	14	19	0	19	0	5	5	5	5
2	14	18	0	18	0	4	4	4	4
2	38	42	0	42	0	4	4	4	4
2	33	34	0	34	0	1	1	1	1
2	40	47	0	47	0	7	7	7	7
1	2	2	0	2	0	0	0	0	0
1	42	45	11	45	11	14	3	14	3
1	14	16	0	16	0	2	2	2	2
1	34	43	0	43	0	9	9	9	9
1	43	53	0	53	0	10	10	10	10
1	67	77	0	77	0	10	10	10	10

7列目は改定LP-OLDFのNMとZEROの合計からMNMを引いた値である．改定LP-OLDFの誤分類数が最大この値だけMNMより大きいことを示す．30個のモデルでMNMより大きくなっている．8列目は改定LP-OLDFの

NMからMNMを引いた値である．負のものがない．

9列目はSVMのNMとZEROの合計からMNMを引いた値である．SVMの誤分類数が最大この値だけMNMより大きいことを示す．39個のモデルでMNMより大きくなっている．10列目はSVMのNMからMNMを引いた値である．負のものがない．

以上から総合的に改定LP-OLDFの方が良いようだ．

4.4 CPDデータの誤分類数

表4.8は，1列目は説明変数の個数(p)を表す．2列目は，改定IP-OLDFで求めたMNMである．

3列目と4列目は改定LP-OLDFのNMとZERO(判別超平面上のケース数)の値である．5列目と6列目はSVMのNMとZEROの値である．NMとZEROの合計は，40個のモデルで，1変数モデルだけ同じで，残り2変数以上の39個のモデルでSVMの方が大きい．この点からは，改定LP-OLDFの成績が圧倒的に良いようだ．

7列目は改定LP-OLDFのNMとZEROの合計からMNMを引いた値である(NM1)．改定LP-OLDFの誤分類数が最大この値だけMNMより大きいことを示す．1個のモデルでMNMより大きくなっている．8列目は改定LP-OLDFのNMからMNMを引いた値である(NM2)．負のものがない．

9列目はSVMのNMとZEROの合計からMNMを引いた値である．SVMの誤分類数が最大この値だけMNMより大きいことを示す．40個のモデル全てでMNMより大きくなっている．10列目はSVMのNMからMNMを引いた値である．負のものがない．

以上から総合的に改定LP-OLDFの方がSVMより圧倒的に良いようだ．

4.4 CPDデータの誤分類数 147

表 4.8 改定 LP-OLDF と SVM の誤分類数と MNM の比較

p	改定IP	改定LP		SVM		LP−IP		SVM−IP	
	MNM	NM	ZERO	NM	ZERO	NM1	NM2	NM1	NM2
1	20	20	1	20	1	1	0	1	0
2	13	13	0	17	0	0	0	4	4
3	12	12	0	18	0	0	0	6	6
4	10	10	0	13	0	0	0	3	3
4	11	11	0	19	0	0	0	8	8
5	10	10	0	13	0	0	0	3	3
5	7	7	0	13	0	0	0	6	6
5	11	11	0	18	0	0	0	7	7
6	9	9	0	13	0	0	0	4	4
6	7	7	0	11	0	0	0	4	4
6	7	7	0	14	0	0	0	7	7
6	12	12	0	18	0	0	0	6	6
6	11	11	0	17	0	0	0	6	6
7	9	9	0	13	0	0	0	4	4
7	6	6	0	13	0	0	0	7	7
8	6	6	0	11	0	0	0	5	5
8	8	8	0	15	0	0	0	7	7
8	6	6	0	11	0	0	0	5	5
9	6	6	0	13	0	0	0	7	7
9	4	4	0	10	0	0	0	6	6
9	4	4	0	9	0	0	0	5	5
10	6	6	0	14	0	0	0	8	8
10	4	4	0	7	0	0	0	3	3
10	3	3	0	10	0	0	0	7	7
11	4	4	0	9	0	0	0	5	5
11	4	4	0	9	0	0	0	5	5
11	3	3	0	10	0	0	0	7	7
12	4	4	0	9	0	0	0	5	5
12	3	3	0	9	0	0	0	6	6
13	3	3	0	7	0	0	0	4	4
13	3	3	0	8	0	0	0	5	5
14	3	3	0	8	0	0	0	5	5
14	2	2	0	8	0	0	0	6	6
15	3	3	0	8	0	0	0	5	5
15	2	2	0	7	0	0	0	5	5

表4.8 つづき

p	改定IP	改定LP		SVM		LP−IP		SVM−IP	
	MNM	NM	ZERO	NM	ZERO	NM1	NM2	NM1	NM2
16	2	2	0	6	0	0	0	4	4
16	2	2	0	6	0	0	0	4	4
17	2	2	0	7	0	0	0	5	5
18	2	2	0	7	0	0	0	5	5
19	2	2	0	6	0	0	0	4	4

4.5 まとめ

第4章では，LINGOを用いて4種類の実データで改定IP-OLDFのMNMと，改定LP-OLDFとSVMの誤分類数と判別超平面上のケース数を計算した．現時点では，改定IP-OLDFでBigM定数を大きくとった場合だけ，判別超平面上にケースがこないことが保障されている．統計的な判別関数と，数理計画法で定式化された全ての判別関数は判別超平面上にケースがくることを避けられない．

このため，判別得点の絶対値が例えば10^{-7}以下であれば0と判断し，その個数を知る必要がある．この場合，IP-OLDFが定義した判別係数の空間で考えると，凸体の内点以外の頂点，辺，稜に対応する判別係数を求めたことになる．得られた判別係数を少し変えることで内点に移動し，判別超平面上にケースが来ないようにできる．しかし，移動できる凸体の複数の内点のうち，誤分類数を最小にするものを選ぶのが筋であろうが，この方法は未解決である．

本章では，改定LP-OLDFとSVM(c=10)で検討した．本来統計的な判別関数のLDFやロジスティック回帰でも検討すべきであるが，これは統計ソフトの開発企業の責務と考え行わなかった．

今回の検討で，多重共線性のあるCPDデータで，改定LP-OLDFが1モデルを除いて改訂IP-OLDFと誤分類数が一致し，SVMがそれに比べ明らかに劣っている．この理由は今後の課題である．

第5章 フィッシャーの判別分析を越えて

　本章では，5.1 節で改定 IP-OLDF の高速解法である改定 IPLP-OLDF で計算時間がどれだけ改善されるかと，NM が MNM と等しいか否かを検証する．4種類の実データを「教師データ」とし，2万件の Bootstrap 標本を評価データとして 149 組のモデルで検証した(はじめにの図のⅡ)．計算時間が 15 倍から 100 倍改善され，求まった誤分類数が MNM の良い近似解を与えることが実証できた(新村，2009)[44]．

　5.2 節ではこの結果を踏まえ，4種類の実データから，ケース数の等しい Bootstrap 標本を 100 組作成し，100 重交差検証法を 135 組のモデルで検証した(はじめにの図のⅢ)．従来 CPD では 40 個のモデルを検証してきたが，不要と考える 14 個を省いて 26 個に限定した．改定 IPLP-OLDF は LINGO(新村(2010a)[52]の付録参照)で，LDF とロジスティック回帰は JMP のスクリプト(付録 B)を作成し 13,500 個の判別モデルで分析した．分析に半年から1年かかると推定していたが，2010 年の1月と2月であっけなく終了した．

　これによって，IP-OLDF が解明した判別分析の問題点の解消と新事実の発見，並びに改定 IPLP-OLDF(MNM の近似解)と既存の統計的判別関数との比較評価を行ったところ驚くほど良い結果が得られた．MNM 基準による線形判別関数は，「教師データ」で理論的に一番誤分類数が少ないことはわかっている．しかし，「評価データ」で過大評価の可能性があった．それが，135 モデ

ルのうち LDF の平均誤分類確率が良いのはわずか 15 モデルであった.

この結果から,全ての線形判別関数が不要という一般認識が近い将来確立する可能性がある.さらに,ロジスティック回帰に比べて良い結果になることは想定外であった.ロジスティック回帰は,135 個のモデルで「教師データ」で 3 モデル,「評価データ」で 33 個のモデルの平均誤分類確率が改定 IPLP-OLDF より良いだけであった.S-SVM は,第 4 章で述べたように一種の線形判別関数であり,改定 LP-OLDF より劣っていることはすでに示した.

5.1 改定 IP-OLDF と改定 IPLP-OLDF の比較

4 種類の実データから復元抽出で 2 万件の Bootstrap 標本を作成した.実データを「教師データ」に,Bootstrap 標本を「評価データ」に用いて,比較検討を行う.検討内容は,改定 IPLP-OLDF が改定 IP-OLDF と比較して,①計算時間をどれだけ短くでき,②正しい MNM が得られるか否か,の 2 点である.

5.1.1 研 究 方 法

(1) データと評価法

LINGO の汎用モデルで説明変数の全ての組合せで得られる 149 個のモデルに対して,「教師データ」で線形判別関数を求め,それを「評価データ」に適用した.これによって,「教師データ」と「評価データ」を用いた計算時間の測定と誤分類数の比較が可能になった.

「学生データ」は,5 個の説明変数の $31(=2^5-1)$ 個の全ての組合せモデルで評価する.「アイリスデータ」は,4 個の説明変数の $15(=2^4-1)$ 個全てのモデルで評価する.「CPD データ」は,19 個の説明変数をもつ説明変数の全ての組合せは約 52 万個なので,逐次変数選択法などで選ばれた 40 個のモデルで評価する.「銀行データ」は,6 個の説明変数の $63(=2^6-1)$ 個全てのモデ

ルで評価する.

(2) LINGO による手法の汎用化

LINGO は数理計画法モデルを定式化する 2 つの方法がある.
- 数式通りの「自然表記」による定式化.
- 「集合表記を用いてモデルのサイズとデータの変更の影響を受けない汎用モデル」による定式化.

数理計画法モデルは，同じ種類の問題を解決するモデルであっても，係数の値やモデルのケース数や変数のサイズが異なれば，異なったモデルとして長年分析処理されてきた．それが，係数をデータとしてモデルから分離し，モデルがサイズや係数の変更に影響を受けなくできるようになったのは 2000 年以降である．これを「汎用モデル」と呼ぶことにする．統計手法が，データに依存しないことと同じである．そして，4 種類の「教師データ」と 2 万件の Bootstrap 標本を「評価データ」として，それらのデータの全ての説明変数の組合せモデルにおいて，改定 IP-OLDF と改定 IPLP-OLDF で分析し，計算時間と改定 IPLP-OLDF の誤分類数を MNM と比較する.

5.1.2 分析結果

(1) 学生データの分析結果

表 5.1 は，「学生データ」の分析結果である．説明変数 $X1$ から $X5$ は，勉強時間，飲酒日数，支出，性別，喫煙の有無である．表の説明変数の列は，31 個の説明変数の全ての組合せを表している．説明変数の個数が同じモデルでは，決定係数の降順に並べてある．IP 列は「教師データ」で求めた MNM である．3 個から 15 個，すなわち誤分類確率は 0.075 から 0.375 と幅広く異なっている．IPEC 列は「教師データ」で求めた判別関数を 2 万件の Bootstrap 標本に適用した誤分類数で 2004 から 10000 であり，誤分類確率は 0.1002 から 0.5 である.

表 5.1　学生データの分析結果

説明変数	IP	IPEC	%	LP	LPEC	%	SV	IPLP	IPLPEC	%
$X1-X5$	3	2004	-3	4	2391	-2	8	3	2004	-3
$X-X3, X5$	3	2004	-3	4	2350	-2	11	3	2004	-3
$X1-X4$	3	2004	-3	5	2737	-1	11	3	2004	-3
$X1, X3-X5$	3	2004	-3	6	3464	-2	12	3	2004	-3
$X1, X2, X4, X5$	4	2099	0	6	3170	-1	13	4	2099	0
$X2, X3, X4, X5$	3	2004	-3	6	3464	-2	12	3	2004	-3
$X1, X2, X3$	3	2004	-3	4	2350	-2	11	3	2004	-3
$X1, X3, X5$	3	2004	-3	4	2350	-2	11	3	2004	-3
$X1, X3, X4$	5	2486	0	7	3803	-2	13	5	2486	0
$X1, X2, X4$	5	2486	0	7	3803	-2	13	5	2486	0
$X1, X2, X5$	3	2004	-3	6	3464	-2	12	3	2004	-3
$X2, X3, X4$	4	2637	-3	7	4399	-4	10	4	2637	-3
$X2, X3, X5$	3	2004	-3	4	2350	-2	11	3	2004	-3
$X3, X4, X5$	3	2004	-3	4	2350	-2	8	3	2004	-3
$X1, X4, X5$	6	3720	-4	8	4527	-3	15	6	3720	-4
$X2, X4, X5$	5	2808	-2	7	3333	1	12	5	2808	-2
$X1, X3$	5	2831	-2	5	2831	-2	9	5	2831	-2
$X1, X2$	5	2486	0	9	5145	-3	13	5	2486	0
$X2, X3$	5	3034	-3	7	3851	-2	12	5	3034	-3
$X3, X4$	5	2808	-2	7	3333	1	12	5	2808	-2
$X3, X5$	4	2637	-3	7	4399	-4	10	4	2637	-3
$X1, X5$	4	2401	-2	6	3464	-2	13	4	2401	-2
$X1, X4$	7	3587	0	6	2903	0	9	7	3587	0
$X2, X4$	6	3464	-2	5	2831	-2	9	6	3464	-2
$X2, X5$	6	3757	-4	3	2004	-3	11	6	3757	-4
$X4, X5$	13	6290	1	13	6290	1	13	13	6290	1
$X3$	8	4527	-3	8	4527	-3	15	8	4527	-3
$X1$	7	3587	0	6	2903	0	9	7	3587	0
$X2$	7	4641	-6	3	2004	-3	11	7	3628	-1
$X4$	13	6290	1	13	6290	1	13	13	6290	1
$X5$	15	10000	-13	15	10000	-13	15	15	10000	-13

5.1 改定 IP-OLDF と改定 IPLP-OLDF の比較

全体の計算時間は 20 秒であった．これは，データが離散データのため計算が容易であったためと考えられる．「%」列は，「(IP/40 − IPEC/20000) * 100」で計算した誤分類確率の差(%表記)である．31 個のモデル中，1% が 2 個，0% が 6 個，− 2% から − 13% が 23 個あった．仮に，2% 以下を汎化能力が良いとすれば，絶対値で 2% より小さいものは 13 個あり，31 個中約 42% のモデルの汎化能力が高かった．

LP 列は，改定 LP-OLDF の誤分類数である．2 個の説明変数 $X1$ と $X4$ による判別関数を $(X1, X4)$ と表すことにする．$(X1, X4)$，$(X2, X4)$，$(X2, X5)$，$(X1)$，$(X2)$ の 5 個のモデルで，MNM より少ない誤分類数が得られた．これは，改訂 LP-OLDF がマージンを導入していても，$e_i > 0$ の実数であり，e_i が小さければ $(1 − c * e_i)$ は 1 にも 0 にも負にもなる．このため判別超平面上にケースがきた場合，それを正しく判別されたとみなすためである．すなわち，数理計画法を用いた判別分析で線形計画法を用いた研究が数多く行われているが，そこで得られた誤分類数そのものは正しくないということを示している．LPEC は 2 万件データに適用した誤分類数である．% 列は誤分類確率の差である．6 個のモデルが 0% か 1% であり，残り 25 個が − 1% から − 13% の間にある．絶対値で 2% より小さいものは 13 個あり，31 個のモデルのうち約 42% のモデルの汎化能力が高かった．ただし，誤分類数そのものが正しくカウントされないので，この値を詳しく検討することは意味がないと考える．

SV 列は，SV の反対側にくるケース数である．改定 LP-OLDF の誤分類数よりほぼ倍に増えている．次の改定 IPLP-OLDF では，これらの e_i を 0/1 の整数変数に，残りの SV で正しく判別されるケースの e_i を 0 に固定して解いている．$e_i = 0$ になるケースを実際に省くのではなく，$e_i = 0$ に固定することで計算時間を短くしている．

IPLP 列は，改定 IPLP-OLDF の誤分類数である．IPLPEC は 2 万件データに適用した誤分類数である．% 列は誤分類確率の差である．8 個のモデルが 0% か 1% であった．これらは，評価データの誤分類確率の方が小さかったことになる．残り 23 個が − 1% から − 13% の間にある．絶対値で 2% より小さいも

のは14個あり，31個のモデルのうち約45%のモデルの汎化能力が高かった．

IP列とIPLP列を比較すると全て一致している．すなわち，改定IPLP-OLDFはMNMの近似解を求めているが，結果は同じであった．

IPECとIPLPECを比較すると，下線を引いた1変数のモデル($X2$)だけが，4641と3628と異なった．改定IPLP-OLDFの評価データの誤分類数が1013個，すなわち約5%誤分類確率が小さい．具体的な理由はわからないが，改定LP-OLDFで判別超平面の近傍にあるデータに限定して，改定IP-OLDFを適用したことが良い結果をもたらしたのかもしれない．

これらの計算時間は40秒で，改定IP-OLDFより20秒余計に計算時間がかかったのは，「教師データ」の説明変数の値が整数値であることと重なりが多いため，改定IP-OLDFの計算が整数計画法としては容易であり，改訂IPLP-OLDFが多くの手順を踏んでいるためと考えられる．

（2） アイリスデータ

表5.2は，「アイリスデータ」の分析結果である．説明変数$X1$から$X4$は，額の長さ，額の幅，花弁の長さ，花弁の幅である．判別する2群は，各50件のバーシクルとバージニカである．説明変数の列は，JMPの「全てのモデルの指定」で計算した15個のモデルである．IP列は「教師データ」で求めたMNMで，1個から37個すなわち誤分類確率は0.01から0.37と幅広く異なっている．IPEC列は「教師データ」で求めた判別関数を2万件のBootstrap標本に適用した誤分類数で204から7351であり，誤分類確率は0.0102から0.36755である．計算時間は，7分26秒である．

誤分類確率の差「(IP/100 − IPEC/20000) * 100」は「学生データ」と異なり，0.4%から−0.2%と一桁小さい．すなわち2%以下を汎化能力が良いと考えれば，全てのモデルで汎化能力が高かった．15個のモデル中，評価データの誤分類確率は「教師データ」より8個悪いが，逆に「教師データ」は「評価データ」より7個悪かった．「評価データ」の誤分類確率が「教師データ」より必ずしも悪くない点でも，汎化能力は悪くないと考えられる．これまで，ノ

5.1 改定 IP-OLDF と改定 IPLP-OLDF の比較

表 5.2 アイリスデータの分析結果

説明変数	IP	IPEC	%	LP	LPEC	%	SV	IPLP	IPLPEC	%
$X1-X4$	1	204	0.0	2	411	-0.1	3	1	204	0.0
$X2, X3, X4$	2	411	-0.1	2	411	-0.1	5	2	411	-0.1
$X1, X3, X4$	2	414	-0.1	2	414	-0.1	6	2	414	-0.1
$X1, X2, X4$	4	799	0.0	7	1413	-0.1	11	4	799	0.0
$X1, X2, X3$	2	402	0.0	3	616	-0.1	10	2	402	0.0
$X2, X4$	5	1020	-0.1	6	1232	-0.2	11	5	1024	-0.1
$X3, X4$	3	622	-0.1	6	1252	-0.3	6	3	622	-0.1
$X1, X3$	4	817	-0.1	5	1031	-0.2	10	4	823	-0.1
$X1, X4$	5	1024	-0.1	6	1232	-0.2	10	5	1024	-0.1
$X2, X3$	6	1209	0.0	6	1209	0.0	14	6	1213	-0.1
$X1, X2$	25	4924	0.4	27	5391	0.0	61	25	4975	0.1
$X4$	6	1232	-0.2	6	1232	-0.2	10	6	1232	-0.2
$X3$	7	1413	-0.1	7	1408	0.0	12	7	1408	0.0
$X1$	27	5362	0.2	25	4954	0.2	57	27	5362	0.2
$X2$	37	7351	0.2	34	6841	-0.2	78	37	7351	0.2

ンパラメトリックな MNM 基準による判別関数は汎化能力が悪いと考えられてきたが,「評価データ」でも良い結果を得た. これは「アイリスデータ」が「学生データ」と異なり, ケース数が 100 件と増え, 連続な計測値であるためであろう.

LP 列は, 改定 LP-OLDF の誤分類数である. ($X1$)と($X2$)の 2 つの 1 変数モデルで MNM より誤分類数が少ないのは, 判別超平面上のいくつかのケースが誤分類されるか否かの検討対象から省かれ, 間違って正しく判別されたとしているからである. この事実は, 改定 IP-OLDF 以外の数理計画法による判別関数の欠点である. LPEC 列は 2 万件データに適用した誤分類数である. %列は誤分類確率の差である. 0.2%から-0.3%の間にある. すなわち 2%以下を汎化能力が高いと考えれば, 全てのモデルで汎化能力が高かった.

SV 列は, SV の反対側にくるケース数である. 改定 LP-OLDF の誤分類数よりほぼ倍に増えている. 次の改定 IPLP-OLDF では, これらの e_i を 0/1 の整数変数に, 残りを 0 に固定して解いている.

IPLP 列は，改定 IPLP-OLDF の誤分類数である．IPLPEC は 2 万件データに適用した誤分類数である．%列は誤分類確率の差を表し 0.2%から−0.2%の間にある．すなわち，2%以下を汎化能力が高いと考えれば，全てのモデルで汎化能力が高かった．15 個のモデル中「評価データ」の誤分類確率の方が 8 個，「教師データ」の方が 7 個悪かった．一般的には，「評価データ」の方が悪くなると考えられるが，汎化能力が高い場合には両方が拮抗することもあるようだ．

IP 列と IPLP 列を比較すると全て一致している．すなわち，改定 IPLP-OLDF は MNM の近似解を求めているが，結果は同じであった．IPEC と IPLPEC では下線を引いた 15 個のモデル中 5 個で誤分類数は異なったが，最大 51 件すなわち誤分類確率で 0.0025 の違いであり大差はない．

改定 IPLP-OLDF の計算時間は 30 秒で，改定 IP-OLDF より約 15 倍速かった．

（3） 銀行データ

表 5.3 は，「銀行データ」の分析結果である．説明変数を表す $X1$ から $X6$ は，紙幣の横の長さ，紙幣の縦の長さ(左側)，紙幣の縦の長さ(右側)，紙幣の下端から内側の枠までの内側の長さ，紙幣の上端から内側の枠までの内側の長さ，対角線の長さ，の 6 変数である．判別する 2 群は，各 100 件の真札と偽札である．説明変数の列は，「JMP の全てのモデルの指定」で計算した 63 個のモデルである．p の列は，説明変数の個数を示す．

IP 列は「教師データ」で求めた MNM で，0 個から 55 個である．すなわち，誤分類確率は 0 から 0.275 と幅広く異なっている．IPEC は「教師データ」で求めた判別関数を 2 万件の Bootstrap 標本に適用した誤分類数で 0 から 11869 であり，誤分類確率は 0 から 0.59345 である．IP 列を 100 倍した値が IPEC 列の値に等しければ，両方の誤分類確率が等しい．63 個のうち 9 個のモデルで「評価データ」の誤分類確率が大きくなっている．そのうち 7 個は MNM = 0 で，1 個は MNM = 1，残りの 1 個はモデル($X1$)の MNM = 55 である．この

5.1 改定 IP-OLDF と改定 IPLP-OLDF の比較

表 5.3 銀行データの分析結果($p = 4 \sim 2$ では R^2 大きい上位 6 個のモデルのみ)

説明変数	p	IP	IPEC	%	LP	LPEC	%	SV	IPLP	IPLPEC	%
$X1-X6$	6	0	0	0.0	0	0	0.0	0	0	0	0.0
$X2-X6$	5	0	0	0.0	0	0	0.0	0	0	0	0.0
$X1, X3-X6$	5	0	95	-0.5	0	0	0.0	0	0	0	0.0
$X1, X2, X4-X6$	5	0	799	-4.0	0	0	0.0	0	0	0	0.0
$X1-X4, X6$	5	0	807	-4.0	0	531	-2.7	0	0	531	-2.7
$X1-X5$	5	1	371	-1.4	2	496	-1.5	3	1	389	-1.4
$X1-X3, X5, X6$	5	1	115	-0.1	1	115	-0.1	1	1	115	-0.1
$X3, X4, X5, X6$	4	0	0	0.0	0	0	0.0	0	0	0	0.0
$X2, X4, X5, X6$	4	0	0	0.0	0	0	0.0	0	0	0	0.0
$X1, X4, X5, X6$	4	0	95	-0.5	0	0	0.0	0	0	0	0.0
$X2, X3, X4, X6$	4	0	0	0.0	0	0	0.0	0	0	0	0.0
$X1, X3, X4, X6$	4	0	1303	-6.5	0	531	-2.7	0	0	531	-2.7
$X1, X2, X4, X6$	4	0	1303	-6.5	0	531	-2.7	0	0	531	-2.7
$X4, X5, X6$	3	0	0	0.0	0	0	0.0	0	0	0	0.0
$X3, X4, X6$	3	0	0	0.0	0	0	0.0	0	0	0	0.0
$X1, X4, X6$	3	0	1303	-6.5	0	531	-2.7	0	0	531	-2.7
$X2, X4, X6$	3	0	0	0.0	0	0	0.0	0	0	0	0.0
$X3, X4, X5$	3	2	198	0.0	3	282	0.1	5	2	198	0.0
$X2, X4, X5$	3	2	198	0.0	2	198	0.0	7	2	198	0.0
$X4, X6$	2	0	0	0.0	0	0	0.0	0	0	0	0.0
$X4, X5$	2	3	277	0.1	4	382	0.1	8	3	282	0.1
$X3, X6$	2	1	115	-0.1	1	115	-0.1	3	1	115	-0.1
$X5, X6$	2	1	115	-0.1	1	115	-0.1	2	1	115	-0.1
$X2, X6$	2	1	115	-0.1	1	115	-0.1	4	1	115	-0.1
$X1, X6$	2	1	115	-0.1	1	427	-1.6	3	1	115	-0.1
$X6$	1	2	211	-0.1	2	195	0.0	3	2	211	-0.1
$X4$	1	16	1589	0.1	16	1589	0.1	49	16	1589	0.1
$X5$	1	47	4758	-0.3	45	4499	0.0	98	47	4758	-0.3
$X3$	1	43	4331	-0.2	43	4331	-0.2	85	43	4331	-0.2
$X2$	1	48	4791	0.0	53	5308	0.0	111	48	4791	0.0
$X1$	1	55	11869	-31.8	87	10835	-10.7	96	55	11869	-31.8

ことから，線形分離可能なデータでは，選ばれる判別関数に幅が出てくるため，「評価データ」の方の汎化能力が悪くなることもあるようだ．SVM 研究では，マージン最大化によって汎化能力が高くなると説明しているが，この点を将来検証する必要がある．

誤分類確率の差は，0.1％から−31.8％であるが，63個のモデルのうち57個 (63個中90.5%) が2%より小さくて汎化能力が高かった．今後汎化能力の高いモデルと低いモデルの検証が必要になる．

LP列は，改定LP-OLDFの誤分類数である．LPECは2万件データに適用した誤分類数である．％列は誤分類確率の差である．0.1％から−10.7％の間にある．

SV列は，SVの反対側にくるケース数である．改定LP-OLDFの誤分類数よりほぼ倍に増えている．次の改定IPLP-OLDFでは，これらの e_i を0/1の整数変数に，残りを0に固定して解いている．

IPLP列は，改定IPLP-OLDFの誤分類数である．IPLPECは2万件データに適用した誤分類数である．％列は誤分類確率の差である．0%から−31.8%の間にある．63個のモデルのうち58個(63個中92.1%)が2%より小さくて汎化能力が高い．

IP列とIPLP列を比較すると，全て一致している．すなわち，改定IPLP-OLDFはMNMの近似解を求めているが，結果は同じであった．しかし，IPECとIPLPECでは63個中16個で誤分類数は異なった．しかも「アイリスデータ」と同じく，IPLPECの誤分類数が少ないモデルが多かった．改定IPLP-OLDFの方が改定IP-OLDFより汎化能力が良いことは今後の検討課題であろう．

これら63個のモデルの計算時間は44分48秒(2688秒)で，改定IP-OLDFの計算時間の37時間3分19秒(133399秒)より約49.6倍以上速かった．

5.1 改定 IP-OLDF と改定 IPLP-OLDF の比較

（4） CPD データ

表 5.4 は,「CPD データ」の分析結果である．説明変数は 17 個の計測値と 2 個の計測値の差の 19 個である．このため多重共線性が現れる．判別する 2 群は, 180 例の自然分娩群と 60 例の帝王切開群である．モデルは, 逐次変数選択法で選んだ 40 個のモデルである．p 列は説明変数の個数を示す．Type 列の F と B は 19 変数をフルモデルとする変数増加法と変数減少法で選ばれたモデルである．f と b は多重共線性のない 16 変数をフルモデルとする変数増加法と変数減少法で選ばれたモデルである．

IP 列は教師データで求めた MNM で, 2 個から 20 個, すなわち誤分類確率は 0.00833 から 0.0833 と異なっている．IPEC は「教師データ」で求めた判別関数を 2 万件の Bootstrap 標本に適用した誤分類数で 202 から 2142 であり, 誤分類確率は 0.0101 から 0.1071 である．誤分類確率の差は「学生データ」と異なり, 0.1% から −3.7% と一桁小さい．40 個のモデルのうち 28 個 (40 個中 70%) が 2% より小さく汎化能力が高かった．

全体の計算時間は, 10 時間 36 分 10 秒 (38170 秒) である．

LP 列は, 改定 LP-OLDF の誤分類数である．LPEC は 2 万件データに適用した誤分類数である．% 列は誤分類確率の差を表し −0.2% から −3% の間にある．SV 列は, SV の反対側にくるケース数である．改定 LP-OLDF の誤分類数よりほぼ倍に増えている．次の改定 IPLP-OLDF では, これらの e_i を 0/1 の整数変数に, 残りを 0 に固定して解いている．IPLP 列は, 改定 IPLP-OLDF の誤分類数である．IPLPEC は 2 万件データに適用した誤分類数である．% 列は誤分類確率の差である．0.3% から −3.7% の間にある．40 個のモデルのうち 28 個 (40 個中 70%) が 2% より小さく, 汎化能力が高かった．IP 列と IPLP 列を比較すると全て一致している．すなわち, 改定 IPLP-OLDF は MNM の近似解を求めているが, 結果は同じであった．しかし, IPEC と IPLPEC では 40 個のモデル中 9 個で誤分類数は異なったが, その違いは最大でも 131 件 (誤分類確率は 0.00655) の違いであり大差はない．また, 8 個は改定 IPLP-OLDF の方が良かった．

表 5.4 CPD データの分析結果

p	Type	IP	IPEC	%	LP	LPEC	%	SV	IPLP	IPLPEC	%
1	FBfb	20	2142	−2.4	20	2142	−2.4	50	20	2142	−2.4
2	FBfb	13	1815	−3.7	17	1931	−2.6	38	13	1815	−3.7
3	FBfb	12	1647	−3.2	18	1991	−2.5	37	12	1524	−2.6
4	Ffb	10	1285	−2.3	13	1378	−1.5	32	10	1285	−2.3
4	B	11	1468	−2.8	19	2159	−2.9	36	11	1468	−2.8
5	Ff	11	1468	−2.8	19	2159	−2.9	35	11	1468	−2.8
5	b	7	1043	−2.3	13	1477	−2.0	26	7	1043	−2.3
5	B	11	1468	−2.8	18	2094	−3.0	33	11	1468	−2.8
6	B	9	1136	−1.9	13	1469	−1.9	30	9	1136	−1.9
6	b	7	1043	−2.3	14	1626	−2.3	24	7	1043	−2.3
6	Ff	7	1043	−2.3	14	1523	−1.8	24	7	1043	−2.3
6	DOC1	12	1533	−2.7	18	2097	−3.0	35	12	1533	−2.7
6	DOC2	11	1361	−2.2	17	1927	−2.6	36	11	1361	−2.2
7	B	9	1136	−1.9	13	1469	−1.9	29	9	1136	−1.9
7	Ffb	6	887	−1.9	14	1523	−1.8	24	6	887	−1.9
8	F	6	887	−1.9	12	1289	−1.4	23	6	887	−1.9
8	B	8	980	−1.6	15	1577	−1.6	29	8	980	−1.6
8	fb	6	887	−1.9	12	1401	−2.0	24	6	887	−1.9
9	B	6	887	−1.9	13	1343	−1.3	23	6	887	−1.9
9	F	4	408	−0.4	8	960	−1.5	19	4	408	−0.4
9	fb	4	539	−1.0	9	1016	−1.3	17	4	539	−1.0
10	B	6	887	−1.9	14	1485	−1.6	22	6	887	−1.9
10	F	4	539	−1.0	7	799	−1.1	18	4	408	−0.4
10	fb	3	370	−0.6	8	873	−1.0	16	3	370	−0.6
11	B	4	408	−0.4	9	1012	−1.3	16	4	408	−0.4
11	F	4	539	−1.0	9	1012	−1.3	15	4	408	−0.4
11	fb	3	370	−0.6	8	855	−0.9	14	3	370	−0.6
12	FB	4	539	−1.0	9	1012	−1.3	15	4	408	−0.4
12	fb	3	370	−0.6	8	855	−0.9	13	3	370	−0.6
13	FB	3	240	0.1	8	946	−1.4	14	3	370	−0.6
13	fb	3	390	−0.7	9	1020	−1.4	12	3	390	−0.7
14	FB	3	370	−0.6	7	777	−1.0	15	3	370	−0.6
14	fb	2	214	−0.2	7	807	−1.1	14	2	214	−0.2
15	FB	3	370	−0.6	8	855	−0.9	13	3	370	−0.6
15	fb	2	202	−0.2	5	591	−0.9	10	2	202	−0.2
16	FB	2	202	−0.2	5	482	−0.3	14	2	202	−0.2
16	fb	2	214	−0.2	5	481	−0.3	8	2	202	−0.2
17	FB	2	334	−0.8	8	744	−0.4	8	2	214	−0.2
18	FB	2	334	−0.8	5	591	−0.9	7	2	214	−0.2
19	FB	2	221	−0.3	6	542	−0.2	7	2	102	0.3

これらの計算時間は6分20秒 (380秒) で，改定 IP-OLDF より 100 倍速かった．他のデータに比べて大きな差が出たのは，このデータには多重共線性があるため，改定 IP-OLDF では収束判定に時間がかかったためと考えている．

5.1.3 まとめ

2007 年以前は，Excel のアドインの数理計画法ソフト **What'sBest!** で，IP-OLDF と IPLP-OLDF で分析した．2008 年以降は，**LINGO** を用いて改訂 IP-OLDF と改訂 IPLP-OLDF の汎用モデルを作成し分析した．そして，次のことがわかった．

① 各モデルの時間測定を行った．「学生データ」を除いた残り3データで，改訂 IPLP-OLDF が改訂 IP-OLDF より 15 倍から 100 倍早かった．

② さらに，「教師データ」での改定 IPLP-OLDF の誤分類数は全て MNM に一致した．What'sBest! による CPD データの分析では，IP-OLDF と IPLP-OLDF の比較をした際，2個のモデルで誤分類数が MNM より1だけ大きかった．今回は，マージンを取って探索領域を広げたことと，改定 LP-OLDF の NM が LP-OLDF の NM より MNM の良い近似解になるため一致したと考えられる．

③ 改訂 LP-OLDF は，判別超平面上にケースがくる場合があり，見かけ上 MNM より少ない解が得られる．すなわち，数理計画法を用いた判別関数は判別超平面上にケースがくることを避けられないので，改定 IP-OLDF 以外のモデルでは，誤分類数で正しく評価できないことが確認できた．

以上から，今回 LINGO を用いて改定 IPLP-OLDF と改定 IP-OLDF の汎用モデルを開発したことで，次のことがわかった．

1) 改定 IPLP-OLDF が改定 IP-OLDF より高速なこと．

2) 改定 IPLP-OLDF の誤分類数が MNM の近似解として使えること．

すなわち，実データの判別分析では，計算時間のかかる改定 IP-OLDF の代

わりに改定 IPLP-OLDF を用いてもよいことがわかった.

5.2 100 重交差検証法による改定 IPLP-OLDF と判別手法との比較

　4 種類の実データから，Speakeasy を用いて復元抽出を行い，ケース数の等しい 100 組の Bootstrap 標本を作成した．JMP の LDF とロジスティック回帰，LINGO による改定 IPLP-OLDF で，100 重交差検証法を 135 個の説明変数の異なるモデルに適用し，13500 個の誤分類数を計算した．そして，「教師データ」と「評価データ」で誤分類数の最小値，最大値，平均値，平均誤分類確率を計算した．

　改定 IPLP-OLDF から得られた平均誤分類確率がほぼ全てのモデルで，LDFやロジスティック回帰より優れていることがわかった．また，**平均誤分類確率が最小のモデルを選ぶという新しい変数選択法**は，「CPD データ」以外では効果的であることがわかった．また，誤分類数と判別係数の信頼区間から新しい知見が得られた [52].

　以上の結果，新しい手法を提案する際に自分自身に課した「新村の 3 原則」が全て達成できた.

5.2.1　はじめに

　5.2 節では，4 種類の実データから Speakeasy を用いて復元抽出し，同じ標本数をもつ 100 組の Bootstrap 標本を生成した．
　この標本を用いて，JMP でフィッシャーの線形判別関数(LDF)とロジスティック回帰(Logi)で 100 重交差検証法を行い，「教師データ」と「評価データ」の各 100 組(135 個のモデルで 13500 個の判別関数)で誤分類数の最小値，最大値，平均値を求めた(「付録 B」参照)．また，LINGO で改定 IPLP-OLDF のモデルを作成し，100 重交差検証法を行った．「教師データ」の各 100 組で判別

係数と誤分類数(近似的な MNM)を求めた．また，得られた判別関数を 100 組の「評価データ」に適用して誤分類数の最小値，最大値，平均値を求めた．そして，LDF とロジスティック回帰と比較し，改定 IPLP-OLDF の平均誤分類確率が著しく良いこと，誤分類数と判別係数の信頼区間から新しい知見が得られた．

5.2.2 アイリスデータ

表 5.5 は，「アイリスデータ」の分析結果である．4 変数から 1 変数まで 15 個のモデルの番号と，説明変数の数 p と，判別係数の信頼区間と判定結果を示す．

表 5.5　IPLP-OLDF の判別係数

Model	p	X1	X2	X3	X4	判定結果
1	4	0	0, +	−	−	2, 3
2	3		+	−	−	3
3	3	0, 0, +		−	0	1, 1, 2
4	3	0	+		−	2
5	3	0, +	0	−		1, 2
6	2			0	−	1
7	2		+		−	2
8	2	0			−	1
9	2		0	−		1
10	2	0, +			−	1, 2
11	2	−	0			1
12	1				−	1
13	1			−		1
14	1		−			1
15	1	−				1

(1) LDFの100重交差検証法

100組のBootstrap標本（100組＊100件＝10000件）を用いて，LDFで100重交差検証法を行った．

表5.6は，15個全ての説明変数の組合せモデルにおけるLDFの分析結果である．「Model」と「p」列は，表5.5と同じである．次の「MNM」列は100件の実データの改定IP-OLDFで求めたMNMである．改定IPLP-OLDFの利用者が100重交差検証法を行う必要があるか否かの検討に用いる．MINIC以降は，JMPによる100重交差検証法の結果である．MINICからMEANICの3列は，「教師データ」100組の誤分類数の最小値，最大値，平均値である．MEANECは，「評価データ」100組（本来は99組であるが，「教師データ」も含める）の誤分類数の平均値である．ERRICは「教師データ」の平均誤分類確率でケース数が100件なのでMEANICと等しい．ERRECは「評価データ」の平均値を100で割った平均誤分類確率である（MEANEC/100）．差はこれらの差である（ERREC-ERRIC）．[MINIC, MAXIC]はLDFの誤分類数の範囲

表5.6 LDFの分析結果

Model	p	MNM	MINIC	MAXIC	MEANIC	MEANEC	ERRIC	ERREC	差
1	4	1	0	9	2.70	319.59	2.70	3.20	0.50
2	3	2	0	11	3.58	404.76	3.58	4.05	0.47
3	3	2	0	8	3.25	362.80	3.25	3.63	0.38
4	3	4	1	16	4.83	546.28	4.83	5.46	0.63
5	3	2	1	12	5.30	603.07	5.30	6.03	0.73
6	2	5	1	12	5.77	602.90	5.77	6.03	0.26
7	2	3	1	16	5.04	566.51	5.04	5.67	0.63
8	2	4	1	12	5.91	616.37	5.91	6.16	0.25
9	2	5	2	15	7.01	723.72	7.01	7.24	0.23
10	2	6	2	10	5.67	609.33	5.67	6.09	0.42
11	2	25	20	38	27.34	2783.07	27.34	27.83	0.49
12	1	6	1	12	6.12	606.20	6.12	6.06	-0.06
13	1	7	1	14	7.08	726.78	7.08	7.27	0.19
14	1	37	30	51	41.17	4087.38	41.17	40.87	-0.30
15	1	27	17	40	27.59	2738.60	27.59	27.39	-0.20

5.2 100重交差検証法による改定 IPLP-OLDF と判別手法との比較

である．MNM は全てこの区間に含まれているので，このデータは比較的フィッシャーの前提を満たしていると考えてよいだろう．

MEANIC の 2 個の下線を引いたモデルは，後述の表 5.8 で示す改定 IPLP-OLDF の誤分類数の範囲の上限からはみ出していることを示す．

ERRIC と ERREC が最小値のモデルは 4 変数の Model1 であるので，新しい変数選択法としてこのモデルを選択する．差の最小値は -0.3% で，最大値は 0.73% である．全てのモデルで 2% 以下であるので汎化能力は高いといえよう．2% はこれまでの経験で決めた値である．

（2） ロジスティック回帰の 100 重交差検証法

表 5.7 は，100 組の Bootstrap 標本を用いたロジスティック回帰の 100 重交差検証法の 15 個全ての説明変数の組合せモデルにおける，ロジスティック回帰の分析結果である．[MINIC, MAXIC] の誤分類数の範囲に MNM は全て含まれている．

表 5.7 ロジスティック回帰の分析結果

Model	p	MNM	MINIC	MAXIC	MEANIC	MEANEC	ERRIC	ERREC	差
1	4	1	0	6	1.14	278.78	1.14	2.79	1.65
2	3	2	0	10	1.94	339.82	1.94	3.40	1.46
3	3	2	0	9	2.58	381.71	2.58	3.82	1.24
4	3	4	0	16	4.92	607.20	4.92	6.07	1.15
5	3	2	0	9	3.33	491.92	3.33	4.92	1.59
6	2	5	0	11	4.71	549.65	4.71	5.50	0.79
7	2	3	0	16	6.20	669.89	6.20	6.70	0.50
8	2	4	1	12	5.74	621	5.74	6.21	0.47
9	2	5	1	12	6.22	690.62	6.22	6.91	0.69
10	2	6	0	10	4.10	522.08	4.10	5.22	1.12
11	2	25	18	38	27.1	2765.56	27.06	27.66	0.60
12	1	6	1	12	6.16	633.28	6.16	6.33	0.17
13	1	7	2	14	6.68	692.44	6.68	6.92	0.24
14	1	37	30	51	41.30	4094.51	41.25	40.95	-0.30
15	1	27	17	40	27.30	2715.20	27.27	27.15	-0.12

MEANICは，改定 IPLP-OLDF の誤分類数の範囲に全て含まれている．ERRIC と ERREC の最小値モデルは，LDF と同じく 4 変数の Model1 である．差は，最小値が − 0.3%で最大値は 1.65%である．2%以下であるので汎化能力は高いといえよう．

(3) 改定 IPLP-OLDF の 100 重交差検証法

表 5.8 は，改定 IPLP-OLDF で 100 重交差検証法を行った 15 個全ての説明変数の組合せモデルにおける，改定 IPLP-OLDF の分析結果である．[MINIC, MAXIC] の誤分類数の範囲に MNM は全て含まれている．ERRIC と ERREC の最小値モデルは，LDF とロジスティック回帰と同じ 4 変数の Model1 である．差は，最小値が 0.65%で最大値は 4.21%である．2%以上のモデルが 4 変数の平均値最小モデルを含め 9 個もあり，「教師データ」の誤分類確率が小さいことも影響し，汎化能力は LDF とロジスティック回帰に比べ少し悪いようだ．

表 5.8　IPLP-OLDF の結果

Model	p	MNM	MINIC	MAXIC	MEANIC	MEANEC	ERRIC	ERREC	差
1	4	1	0	2	0.44	252.79	0.44	2.53	2.09
2	3	2	0	4	0.87	302.71	0.87	3.03	2.16
3	3	2	0	5	1.55	327.5	1.55	3.28	1.73
4	3	4	0	8	2.64	501.5	2.64	5.02	2.38
5	3	2	0	4	1.52	366.94	1.52	3.67	2.15
6	2	5	0	6	2.52	433.89	2.52	4.34	1.82
7	2	3	0	8	3.65	560.39	3.65	5.60	1.95
8	2	4	1	9	4.49	591.47	4.49	5.92	1.43
9	2	5	1	10	4.18	640.55	4.18	6.41	2.23
10	2	6	0	6	2.72	489.72	2.72	4.90	2.18
11	2	25	14	33	23.08	2728.99	23.08	27.29	4.21
12	1	6	1	11	5.57	622.32	5.57	6.22	0.65
13	1	7	2	12	5.88	723.06	5.88	7.23	1.35
14	1	37	22	43	35.94	3909.37	35.94	39.09	3.15
15	1	27	17	38	25.88	2798.93	25.88	27.99	2.11

5.2 100重交差検証法による改定 IPLP-OLDF と判別手法との比較

(4) LDF とロジスティック回帰の改定 IPLP-OLDF との比較

表 5.9 は，実データの MNM と LDF とロジスティック回帰の平均誤分類確率を，改定 IPLP-OLDF と比較している．2列目は 100 件の実データの MNM（誤分類確率と等しい）である．3列と4列は，改定 IPLP-OLDF による 100 組の「教師データ」と「評価データ」の平均誤分類確率である（表 5.8 の 8 列と 9 列）．

5列目は，2列目と3列目の差であり，実データの MNM と改定 IPLP-OLDF の平均誤分類確率の差である．最小値は -0.65% で，最大値は 3.28% である．すなわち，改定 IPLP-OLDF の平均誤分類確率は，MNM より小さいものが多い．4変数のフルモデルで 0.56% と僅差であるが，1変数と2変数のモデルではより大きな差になっている．

6行目と7行目は，LDF と改定 IPLP-OLDF の「教師データ」と「評価デー

表 5.9　IPLP-OLDF と LDF とロジスティック回帰の比較
（枠で囲んだものは図 1.4 と図 1.5 で引用）

Model	IP MNM	IPLP ERRIC	IPLP ERREC	IP-IPLP ERRIC	LDF-IPLP ERRIC	LDF-IPLP ERREC	Logi-IPLP ERRIC	Logi-IPLP ERREC
1	1	0.44	2.53	0.56	2.26	0.67	0.70	0.26
2	2	0.87	3.03	1.13	2.71	1.02	1.07	0.37
3	2	1.55	3.28	0.45	1.70	0.35	1.03	0.54
4	4	2.64	5.02	1.36	2.19	0.45	2.28	1.06
5	2	1.52	3.67	0.48	3.78	2.36	1.81	1.25
6	5	2.52	4.34	2.48	3.25	1.69	2.19	1.16
7	3	3.65	5.60	-0.65	1.39	0.06	2.55	1.10
8	4	4.49	5.91	-0.49	1.42	0.25	1.25	0.30
9	5	4.18	6.41	0.82	2.83	0.83	2.04	0.50
10	6	2.72	4.90	3.28	2.95	1.20	1.38	0.32
11	25	23.08	27.29	1.92	4.26	0.54	3.98	0.37
12	6	5.57	6.22	0.43	0.55	-0.16	0.59	0.11
13	7	5.88	7.23	1.12	1.20	0.04	0.80	-0.31
14	37	35.94	39.09	1.06	5.23	1.78	5.31	1.85
15	27	25.88	27.99	1.12	1.71	-0.60	1.39	-0.84

タ」の平均誤分類確率の差である.「教師データ」の最小値は0.55%で,最大値は5.23%である.LDFは9個のモデルで,2%以上改定IPLP-OLDFより悪い.フィッシャーの仮説を比較的満たすと考えられる「アイリスデータ」で,LDFの判別成績は悪かった.「評価データ」の最小値は−0.6%で,最大値は2.36%である.4変数のフルモデルでは「教師データ」は2.26%と悪いが,「評価データ」では0.67%しか悪くない.

8行目と9行目は,ロジスティック回帰と改定IPLP-OLDFの「教師データ」と「評価データ」の平均誤分類確率の差である.「教師データ」の最小値は0.59%で,最大値は5.31%である.6個のモデルで2%以上改定IPLP-OLDFより悪い.「評価データ」の最小値は−0.84%で,最大値は1.85%である.ロジスティック回帰は非線形な判別であり,線形判別関数と同程度の成績では意味がない.しかし,改定IPLP-OLDFより悪いことがわかった.4変数のフルモデルに注目すると0.70%と0.26%しか悪くないので,フィッシャーの前提を比較的満たす本データでは,ロジスティック回帰は改定IPLP-OLDFよりそれほど悪くないことになる.

以上から,4変数のフルモデルでは,LDFの「教師データ」の平均誤分類確率が2.26%と高いが,それ以外は大差がないといえる.しかし,Model14ではLDFとロジスティック回帰は「教師データ」で5%以上,「評価データ」で約1.8%悪い.他の分析結果でも,1変数でLDFとロジスティック回帰の誤分類確率が,改定IPLP-OLDFのそれより大きくなるものが多い.ただし,1変数での判別成果の評価はあまり意味がない.

(5) 改定IPLP-OLDFの判別係数

表5.5は,改定IPLP-OLDFの「教師データ」100組の判別係数の95%,80%,50%信頼区間の判定である.100個の判別係数のパーセント点から求めた.信頼区間が0を含んでいれば「0」,負の区間であれば「−」,正の区間であれば「+」,説明変数がモデルに含まれない場合は「ブランク」で示してある.例えば,Model3の$X1$の記号の「0, 0, +」は,$X1$の判別係数が50%信

5.2 100重交差検証法による改定IPLP-OLDFと判別手法との比較

頼区間ではじめて正になったことを表す．$X4$の記号の「0」は，50%信頼区間でも0であることを表す．最後の「判定結果」列は95%，80%，50%信頼区間が正または負の個数を示す．すなわち「1, 1, 2」は95%と80%の信頼区間で1個，50%信頼区間で2個が0でないことを示す．

改定IPLP-OLDF，LDF，ロジスティック回帰の3つの判別手法が4変数モデルを選んだが，$X1$の係数は50%信頼区間でも0である．一方，Model2では$X1$を除く3変数のモデルであり，いずれも95%信頼区間は0でないことがわかる．すなわち，平均誤分類確率最小モデルによる変数選択法は4変数を，判別係数の信頼区間の検定結果は3変数モデルを選び，ほぼ同じ結果を得た．回帰分析では回帰係数の信頼区間がわかっているが，判別分析ではなかった．100重交差検証法を行えば，Bootstrap信頼区間が簡単にわかり，今後の新しい推測統計学に役立つと考えられる．

5.2.3 銀行データ

表5.10は，6変数から1変数まで63個のモデルの番号と，説明変数の数p

表5.10 IPLP-OLDFの判別係数

(注) 3変数のModel35から42，2変数のModel44以下を省く．

MODEL	p	MNM	ErrMNM	$X1$	$X2$	$X3$	$X4$	$X5$	$X6$	判定結果
1	6	0	0.00	0, −	0	0	−	−	+	3, 4
2	5	0	0.00		0	0	−	−	+	3
3	5	0	0.00	0, −		0	−	−	+	3, 4
4	5	0	0.00	0, 0, −	0		−	−	+	3, 3, 4
5	5	0	0.00	0	0	0	0, −		+	1, 2
6	5	1	0.50	0	0	0	−		+	2
7	5	1	0.50	0, 0, −	0	0, 0, −			+	2, 2, 4
8	4	0	0.00			0	−	−	+	3
9	4	0	0.00		0		−	−	+	3
10	4	0	0.00	0, 0, −			−	−	+	3, 3, 4
11	4	0	0.00		0	0	0, −		+	1, 2

表5.10 つづき

MODEL	p	MNM	ErrMNM	X1	X2	X3	X4	X5	X6	判定結果
12	4	0	0.00	0		0	0, −		+	1, 2
13	4	0	0.00	0	0		0, −		+	1, 2
14	4	2	1.00	0		0	−	−		2
15	4	2	1.00		0	0	−	−		2
16	4	2	1.00	0	0		−	−		2
17	4	1	0.50	0, 0, −		0, −		−	+	2, 3, 4
18	4	1	0.50		0	0, −		0, −	+	1, 3
19	4	1	0.50	0	0	0, 0, −			+	1, 1, 2
20	4	1	0.50	0	0, 0, −			0, −	+	1, 2, 3
21	4	4	2.00	0, +	0, 0, −	0		−		1, 2, 3
22	4	21	10.50	+	0, −			−		3, 4
23	3	0	0.00				−	−	+	3
24	3	0	0.00			0	0, −		+	1, 2
25	3	0	0.00	0			−		+	2
26	3	0	0.00		0		−		+	2
27	3	2	1.00			0	−	−		2
28	3	2	1.00		0		−	−		2
29	3	2	1.00	0			−	−		2
30	3	1	0.50			−		0, −	+	2, 3
31	3	1	0.50	0		0, 0, −			+	1, 1, 2
32	3	1	0.50		0	0, 0, −			+	1, 1, 2
33	3	1	0.50		0, −			0, −	+	1, 3
34	3	1	0.50	0, 0, −				0, −	+	1, 2, 3
43	2	0	0.00				−		+	2

と,判別係数の信頼区間の判定結果を示す.ただし,63個のモデルは多すぎるので,誤分類数の多い3変数のModel35から42,2変数のModel44以下のモデルを省き,35個のモデルのみ示す.

(1) LDF の 100 重交差検証法

表5.11 は,LDF の分析結果である.[MINIC, MAXIC] は LDF の誤分類数の範囲であり,Model21 では MNM は下限より小さくなっている.このモデ

5.2 100重交差検証法による改定 IPLP-OLDF と判別手法との比較

表 5.11 LDF の分析結果

(注) 3 変数の Model35 から 42, 2 変数の Model44 以下を省く.

Model	p	MNM	MINIC	MAXIC	MEANIC	MEANEC	ERRIC	ERREC	差
1	6	0	0	4	1.12	113	0.56	0.56	0.00
2	5	0	0	4	1.12	113	0.56	0.56	0.00
3	5	0	0	4	1.06	110	0.53	0.55	0.02
4	5	0	0	4	1.01	107	0.51	0.54	0.03
5	5	0	0	5	1.49	175	0.75	0.87	0.13
6	5	1	0	6	1.50	159	0.75	0.79	0.04
7	5	1	1	13	5.85	693	2.93	3.47	0.54
8	4	0	0	4	1.06	110	0.53	0.55	0.02
9	4	0	0	4	1.02	108	0.51	0.54	0.03
10	4	0	0	4	1.08	112	0.54	0.56	0.02
11	4	0	0	4	1.32	155	0.66	0.78	0.12
12	4	0	0	6	1.66	192	0.83	0.96	0.13
13	4	0	0	4	1.2	123	0.60	0.61	0.01
14	4	2	0	6	1.53	158	0.77	0.79	0.02
15	4	2	0	5	1.34	157	0.67	0.78	0.11
16	4	2	0	6	1.72	190	0.86	0.95	0.09
17	4	1	0	6	2.03	218	1.02	1.09	0.08
18	4	1	1	14	5.78	651	2.89	3.25	0.36
19	4	1	1	13	6.02	704	3.01	3.52	0.51
20	4	1	1	14	6.39	741	3.20	3.70	0.51
21	4	4	10	33	22.2	2379	11.09	11.89	0.80
22	4	21	5	32	16.5	1789	8.26	8.95	0.69
23	3	0	0	4	1.08	112	0.54	0.56	0.02
24	3	0	0	5	1.46	177	0.73	0.88	0.15
25	3	0	0	4	1.15	116	0.58	0.58	0.01
26	3	0	0	6	1.25	132	0.63	0.66	0.04
27	3	2	0	5	1.34	150	0.67	0.75	0.08
28	3	2	0	7	1.78	193	0.89	0.97	0.08
29	3	2	0	6	1.89	198	0.95	0.99	0.04
30	3	1	0	6	1.92	215	0.96	1.07	0.11
31	3	1	0	6	2.22	235	1.11	1.18	0.07
32	3	1	0	6	1.53	167	0.77	0.84	0.07
33	3	1	1	14	5.55	638	2.78	3.19	0.42
34	3	1	1	14	6.2	686	3.10	3.43	0.33
43	2	0	0	6	1.22	124	0.61	0.62	0.01

ルは，モデルとして選ぶべきではないが，フィッシャーの仮説から大きく逸脱
したモデルであることがわかる．下線を引いた MEANIC の 23 個のモデルは，
後述の表 5.13 で示す改定 IPLP-OLDF の誤分類数の範囲の上限からはみ出し
ている．LDF は線形分離可能なデータで問題があることがわかる．

ERRIC と ERREC が最小値のモデルは，4 変数の Model9 で 0.51% と 0.54%
ある．差は，最小値が 0% で最大値は 0.8% である．63 個の全てのモデルで 2%
以下であるので，汎化能力は高いといえよう．

（2） ロジスティック回帰の 100 重交差検証法

表 5.12 は，63 個全ての説明変数の組合せモデルにおけるロジスティック回
帰の分析結果である．[MINIC, MAXIC] はロジスティック回帰の誤分類数の
範囲であり，MNM は全てこの区間に含まれている．ERRIC と ERREC の最
小値モデルは，LDF では 4 変数を選んだが，3 変数の Model23 で 0% と 0.42%
である．差は，最小値が 0.01% で最大値は 0.95% である．2% 以下であるので汎
化能力は良いといえよう．

また，ERRIC に見る通り，全てのモデルでの保証はないが，ロジスティッ
ク回帰は線形分離可能なことが認識できる．しかし，試験の合否判定データで
は，ロジスティック回帰の誤分類数は 0 にならないことを確認している．

（3） 改定 IPLP-OLDF の 100 重交差検証法

表 5.13 は，改定 IPLP-OLDF の分析結果である．[MINIC, MAXIC] は改定
IPLP-OLDF の誤分類数の範囲であり，MNM は全てこの区間に含まれている．
ERRIC と ERREC が最小値のモデルは，MNM = 0 の 2 変数の Model43 であ
る．

（4） LDF とロジスティック回帰の改定 IPLP-OLDF との比較

表 5.14 は，MNM と LDF とロジスティック回帰の誤分類数を改定 IPLP-
OLDF と比較したものである．3 列目は 200 件の実データの MNM で，4 列目

表5.12 ロジスティック回帰の分析結果

(注) 3変数の Model35 から 42，2変数の Model44 以下を省く．

Model	p	MNM	MINIC	MAXIC	MEANIC	MEANEC	ERRIC	ERREC	差
1	6	0	0	0	0	110.86	0.00	0.55	0.55
2	5	0	0	0	0	111.62	0.00	0.56	0.56
3	5	0	0	0	0	104.79	0.00	0.52	0.52
4	5	0	0	0	0	110.51	0.00	0.55	0.55
5	5	0	0	0	0	162.61	0.00	0.81	0.81
6	5	1	0	10	2.43	433.06	1.22	2.17	0.95
7	5	1	0	4	1.16	139.42	0.58	0.70	0.12
8	4	0	0	0	0	122.31	0.00	0.61	0.61
9	4	0	0	0	0	104.74	0.00	0.52	0.52
10	4	0	0	0	0	91.08	0.00	0.46	0.46
11	4	0	0	0	0	156.46	0.00	0.78	0.78
12	4	0	0	0	0	141.51	0.00	0.71	0.71
13	4	0	0	0	0	143.41	0.00	0.72	0.72
14	4	2	0	10	2.59	431.36	1.30	2.16	0.86
15	4	2	0	10	2.64	421.84	1.32	2.11	0.79
16	4	2	0	15	2.8	434.99	1.40	2.17	0.77
17	4	1	0	4	1.15	127.34	0.58	0.64	0.06
18	4	1	0	4	1.15	121.88	0.58	0.61	0.03
19	4	1	0	4	1.15	156.08	0.58	0.78	0.21
20	4	1	0	4	1.16	128.74	0.58	0.64	0.06
21	4	4	4	30	15.58	1735.04	7.79	8.68	0.89
22	4	21	13	32	22.29	2419.94	11.15	12.10	0.95
23	3	0	0	0	0	83.80	0.00	0.42	0.42
24	3	0	0	0	0	128.24	0.00	0.64	0.64
25	3	0	0	0	0	119.69	0.00	0.60	0.60
26	3	0	0	0	0	131.81	0.00	0.66	0.66
27	3	2	0	9	2.86	414.05	1.43	2.07	0.64
28	3	2	0	13	3.01	403.01	1.51	2.02	0.51
29	3	2	0	15	3.21	457.93	1.61	2.29	0.68
30	3	1	0	4	1.15	117.88	0.58	0.59	0.01
31	3	1	0	4	1.15	146.53	0.58	0.73	0.16
32	3	1	0	4	1.15	144.98	0.58	0.72	0.15
33	3	1	0	4	1.15	119.73	0.58	0.60	0.02
34	3	1	0	7	1.19	127.25	0.60	0.64	0.04
43	2	0	0	0	0	93.43	0.00	0.47	0.47

表 5.13 IPLP-OLDF の結果

(注) 3変数の Model35 から 42, 2変数の Model44 以下を省く.

Model	p	MNM	ERRMNM	MINIC	MAXIC	MEANIC	MEANEC	ERRIC	ERREC	差
1	6	0	0.00	0	0	0.00	0.00	0.00	0.00	0.00
2	5	0	0.00	0	0	0.00	0.00	0.00	0.00	0.00
3	5	0	0.00	0	0	0.00	0.00	0.00	0.00	0.00
4	5	0	0.00	0	0	0.00	0.00	0.00	0.00	0.00
5	5	0	0.00	0	0	0.00	0.00	0.00	0.00	0.00
6	5	1	0.50	0	4	1.13	1.13	0.57	0.01	−0.56
7	5	1	0.50	0	4	1.15	1.17	0.58	0.59	0.01
8	4	0	0.00	0	0	0.00	0.00	0.00	0.00	0.00
9	4	0	0.00	0	0	0.00	0.00	0.00	0.00	0.00
10	4	0	0.00	0	0	0.00	0.00	0.00	0.00	0.00
11	4	0	0.00	0	0	0.00	0.00	0.00	0.00	0.00
12	4	0	0.00	0	0	0.00	0.00	0.00	0.00	0.00
13	4	0	0.00	0	0	0.00	0.00	0.00	0.00	0.00
14	4	2	1.00	0	5	1.40	1.42	0.70	0.71	0.01
15	4	2	1.00	0	5	1.27	1.30	0.64	0.65	0.01
16	4	2	1.00	0	6	1.60	1.63	0.80	0.82	0.02
17	4	1	0.50	0	4	1.15	1.17	0.58	0.59	0.01
18	4	1	0.50	0	4	1.15	1.17	0.58	0.59	0.01
19	4	1	0.50	0	4	1.15	1.17	0.58	0.59	0.01
20	4	1	0.50	0	4	1.15	1.17	0.58	0.59	0.01
21	4	4	2.00	2	18	9.26	9.19	4.63	4.60	−0.03
22	4	21	10.50	8	24	15.36	15.34	7.68	7.67	−0.01
23	3	0	0.00	0	0	0.00	0.00	0.00	0.00	0.00
24	3	0	0.00	0	0	0.00	0.00	0.00	0.00	0.00
25	3	0	0.00	0	0	0.00	0.00	0.00	0.00	0.00
26	3	0	0.00	0	0	0.00	0.00	0.00	0.00	0.00
27	3	2	1.00	0	6	1.68	1.70	0.84	0.85	0.01
28	3	2	1.00	0	6	1.67	1.69	0.84	0.85	0.01
29	3	2	1.00	0	6	1.71	1.73	0.86	0.87	0.01
30	3	1	0.50	0	4	1.15	1.17	0.58	0.59	0.01
31	3	1	0.50	0	4	1.15	1.17	0.58	0.59	0.01
32	3	1	0.50	0	4	1.15	1.17	0.58	0.59	0.01
33	3	1	0.50	0	4	1.15	1.17	0.58	0.59	0.01
34	3	1	0.50	0	4	1.15	1.17	0.58	0.59	0.01
43	2	0	0.00	0	0	0.00	0.00	0.00	0.00	0.00

5.2 100 重交差検証法による改定 IPLP-OLDF と判別手法との比較

表5.14 IPLP-OLDF と LDF とロジスティック回帰の比較

(注) 3変数の Model35 から 42，2変数の Model44 以下を省く．枠で囲んだものは図 2.4 で引用

Model	p	IP		IPLP		IP-IPLP	LDF-IPLP		Logi-IPLP	
		MNM	ERRMNM	ERRIC	ERREC	ERRIC	ERRIC	ERREC	ERRIC	ERREC
1	6	0	0.00	0.00	0.00	0.00	0.56	0.56	0.00	0.55
2	5	0	0.00	0.00	0.00	0.00	0.56	0.56	0.00	0.56
3	5	0	0.00	0.00	0.00	0.00	0.53	0.55	0.00	0.52
4	5	0	0.00	0.00	0.00	0.00	0.51	0.54	0.00	0.55
5	5	0	0.00	0.00	0.00	0.00	0.75	0.87	0.00	0.81
6	5	1	0.50	0.57	0.01	−0.06	0.19	0.79	0.65	2.16
7	5	1	0.50	0.58	0.59	−0.08	2.35	2.88	0.00	0.11
8	4	0	0.00	0.00	0.00	0.00	0.53	0.55	0.00	0.61
9	4	0	0.00	0.00	0.00	0.00	0.51	0.54	0.00	0.52
10	4	0	0.00	0.00	0.00	0.00	0.54	0.56	0.00	0.46
11	4	0	0.00	0.00	0.00	0.00	0.66	0.78	0.00	0.78
12	4	0	0.00	0.00	0.00	0.00	0.83	0.96	0.00	0.71
13	4	0	0.00	0.00	0.00	0.00	0.60	0.61	0.00	0.72
14	4	2	1.00	0.70	0.71	0.30	0.07	0.08	0.60	1.45
15	4	2	1.00	0.64	0.65	0.37	0.04	0.14	0.69	1.46
16	4	2	1.00	0.80	0.82	0.20	0.06	0.13	0.60	1.36
17	4	1	0.50	0.58	0.59	−0.08	0.44	0.51	0.00	0.05
18	4	1	0.50	0.58	0.59	−0.08	2.32	2.67	0.00	0.02
19	4	1	0.50	0.58	0.59	−0.08	2.44	2.93	0.00	0.19
20	4	1	0.50	0.58	0.59	−0.08	2.62	3.12	0.01	0.06
21	4	4	2.00	4.63	4.60	−2.63	6.46	7.30	3.16	4.08
22	4	21	10.50	7.68	7.67	2.82	0.58	1.28	3.47	4.43
23	3	0	0.00	0.00	0.00	0.00	0.54	0.56	0.00	0.42
24	3	0	0.00	0.00	0.00	0.00	0.73	0.88	0.00	0.64
25	3	0	0.00	0.00	0.00	0.00	0.58	0.58	0.00	0.60
26	3	0	0.00	0.00	0.00	0.00	0.63	0.66	0.00	0.66
27	3	2	1.00	0.84	0.85	0.16	−0.17	−0.10	0.59	1.22
28	3	2	1.00	0.84	0.85	0.17	0.06	0.12	0.67	1.17
29	3	2	1.00	0.86	0.87	0.15	0.09	0.12	0.75	1.42
30	3	1	0.50	0.58	0.59	−0.08	0.39	0.49	0.00	0.00
31	3	1	0.50	0.58	0.59	−0.08	0.54	0.59	0.00	0.15
32	3	1	0.50	0.58	0.59	−0.08	0.19	0.25	0.00	0.14
33	3	1	0.50	0.58	0.59	−0.08	2.20	2.60	0.00	0.01
34	3	1	0.50	0.58	0.59	−0.08	2.52	2.84	0.02	0.05
43	2	0	0.00	0.00	0.00	0.00	0.61	0.62	0.00	0.47

は誤分類確率である．5列と6列は，改定 IPLP-OLDF による 100 組の Bootstrap 標本の「教師データ」と「評価データ」の平均誤分類確率である．

7列目は，4列目と5列目の差であり，実データの MNM と改定 IPLP-OLDF の平均誤分類確率の差である．表の35モデルに限定した最小値は-2.63％で，最大値は 2.82％であるが，絶対値で 2％以上のものは 35 個中 2 個と少ない．

8行目と9行目は，100 重交差検証法による LDF と改定 IPLP-OLDF の「教師データ」と「評価データ」の平均誤分類確率の差である．「教師データ」の最小値は-0.17％で，最大値は 6.46％である．「評価データ」の最小値は-0.1％で，最大値 7.3％である．2変数の Model43 では「教師データ」は 0.61％，「評価データ」では 0.62％と悪くない．

10 行目と 11 行目は，ロジスティック回帰と改定 IPLP-OLDF の「教師データ」と「評価データ」の平均誤分類確率の差である．「教師データ」の最小値は 0％で，最大値は 3.47％である．「評価データ」の最小値は 0％で，最大値は 4.43％である．

（5） 改定 IPLP-OLDF の判別係数

表 5.10 は，改定 IPLP-OLDF の「教師データ」100 組の判別係数の 95％，80％，50％信頼区間と判定結果である．95％信頼区間の判定では，高々3個の判別係数が 0 でない．2変数で線形分離可能なこととよく対応している．全てのモデルの $X1$ から $X3$ の係数はほぼ 0 である．これに対し，$X4$ から $X6$ は 0 でないものが多い．これは，$X4$ と $X6$ で線形分離可能である構造を比較的よく表しているといえる．このような解釈のしやすい事実は，従来の変数選択手法からはわからない．

5.2.4　学生データ

表 5.15 は，5 変数から 1 変数まで 31 個のモデルの番号と，説明変数の数 p

5.2　100重交差検証法による改定 IPLP-OLDF と判別手法との比較

表5.15　判別係数

Model	p	MNM	$X1$	$X2$	$X3$	$X4$	$X5$	判定結果
1	5	3	0, 0, +	0	0	0	0	0, 0, 1
2	4	3		0, 0, −	0, 0, −	0	0	0, 0, 2
3	4	3	+		0, −	0	0	1, 2
4	4	4	+	0, 0, −		0	0	1, 1, 2
5	4	3	0, +	0	0, 0, −		0	0, 1, 2
6	4	3	0, +	0	0, 0, −	0		0, 1, 2
7	3	3			−	0	0	1
8	3	5		−		0	0	1
9	3	6	+			0	0	1
10	3	3		0, 0, −	0		0	0, 0, 1
11	3	3	0, +		0, 0, −		0	0, 1, 2
12	3	3	0, +	0			0	0, 1
13	3	4		0, 0, −	−	0		1, 1, 2
14	3	5	+		0, −	0		1, 2
15	3	5	+	0		0		1
16	3	3	0, 0, +	0	0			0, 0, 1
17	2	13				0	0, +	0, 1
18	2	4			−		0	1
19	2	6		−			0	1
20	2	4	+				0	1
21	2	5			−	0		1
22	2	6		−		0		1
23	2	7	+			0		1
24	2	5		0	−			1
25	2	5	0, +		0			0, 1
26	2	5	+	0				1
27	1	15				0	0	0
28	1	13				−		1
29	1	8			−			1
30	1	7		−				1
31	1	7	+					1

と，判別係数の信頼区間と判定結果を示す．

（1） LDF の 100 重交差検証法

表5.16 は，31 個全ての説明変数の組合せモデルにおける LDF の分析結果である．［MINIC, MAXIC］は LDF の誤分類数の範囲で，下線を引いた6個のモデルで MNM は信頼区間に含まれてない．MEANIC の下線で引いた2個のモデルは，表5.18 の改定 IPLP-OLDF の範囲からはみ出している．ERREC の最小値モデルは 3 変数の Model16 であるので，このモデルを選ぶ．ERRIC と ERREC は 12.58 と 14.97%で，差は 2.39%で汎化能力は悪い．差は，最小値が − 0.32%で，最大値は 5.21%である．2%以上の汎化能力の悪いモデルは 20 個と多い．標本数の少ないことが問題かもしれない．

（2） ロジスティック回帰の 100 重交差

表5.17 は，31 個全ての説明変数の組合せモデルにおけるロジスティック回帰の分析結果である．［MINIC, MAXIC］はロジスティック回帰の誤分類数の範囲で，MNM は全てこの区間に含まれている．ErrMNM の下線を引いた 12 個のモデルは，表5.18 の改定 IPLP-OLDF の範囲からはみ出している．ERREC の最小値のモデルは 2 変数の Model24 でこれまでの経験とよく合っているので，このモデルを選ぶ．ERRIC と ERREC は 12.30 と 13.94%で，差は 1.64%である．差は，最小値が − 0.09%で最大値は 6.15%である．2%以上の汎化能力の悪いモデルは 22 個と多い．

（3） 改定 IPLP-OLDF の 100 重交差検証法

表5.18 は，31 個全ての説明変数の組合せモデルにおける改定 IPLP-OLDF の分析結果である．［MINIC,MAXIC］は，改定 IPLP-OLDF の誤分類数の範囲で，MNM は全てこの区間に含まれている．ERRIC の最小値のモデルは 5 変数の Model1 で，ERREC の最小値のモデルは 2 変数の Model24 で，このモデルを選ぶ．ERRIC と ERREC は 7.23%と 8.35%で，差は 1.12%である．差

5.2 100重交差検証法による改定 IPLP-OLDF と判別手法との比較

表 5.16 LDF の分析結果

Model	p	MNM	ErrMNM	MINIC	MAXIC	MEANIC	MEANEC	ERRIC	ERREC	差
1	5	3	7.5	1	17	4.88	696.25	12.20	17.41	5.21
2	4	3	7.5	1	13	5.61	718.85	14.03	17.97	3.95
3	4	3	7.5	2	17	5.53	712.46	13.83	17.81	3.99
4	4	4	10	1	14	5.89	727.00	14.73	18.18	3.45
5	4	3	7.5	0	16	4.99	656.68	12.48	16.42	3.94
6	4	3	7.5	1	14	5.05	664.45	12.63	16.61	3.99
7	3	3	7.5	2	14	7.08	831.06	17.70	20.78	3.08
8	3	5	12.5	1	17	7.02	819.19	17.55	20.48	2.93
9	3	6	15	2	16	7.55	898.96	18.88	22.47	3.60
10	3	3	7.5	0	14	5.53	646.66	13.83	16.17	2.34
11	3	3	7.5	1	16	5.74	689.43	14.35	17.24	2.89
12	3	3	7.5	1	13	6.03	704.12	15.08	17.60	2.53
13	3	4	10	1	13	5.57	688.16	13.93	17.20	3.28
14	3	5	12.5	1	14	5.49	674.44	13.73	16.86	3.14
15	3	5	12.5	1	15	6.19	718.93	15.48	17.97	2.50
16	3	3	7.5	1	13	5.03	598.70	12.58	14.97	2.39
17	2	13	32.5	6	18	12.53	1353.50	31.33	33.84	2.51
18	2	4	10	2	14	7.72	837.30	19.30	20.93	1.63
19	2	6	15	2	18	7.59	826.31	18.98	20.66	1.68
20	2	4	10	2	15	8.14	879.96	20.35	22.00	1.65
21	2	5	12.5	2	13	7.18	792.58	17.95	19.81	1.86
22	2	6	15	2	15	6.95	779.92	17.38	19.50	2.12
23	2	7	17.5	3	14	7.76	878.64	19.40	21.97	2.57
24	2	5	12.5	1	14	5.48	606.66	13.70	15.17	1.47
25	2	5	12.5	1	13	5.63	605.49	14.08	15.14	1.06
26	2	5	12.5	1	15	6.58	712.20	16.45	17.81	1.36
27	1	15	37.5	11	22	16.30	1766.52	40.75	44.16	3.41
28	1	13	32.5	6	19	12.93	1280.07	32.33	32.00	−0.32
29	1	8	20	2	13	7.81	775.31	19.53	19.38	−0.14
30	1	7	17.5	1	19	7.04	729.44	17.60	18.24	0.64
31	1	7	17.5	3	15	8.16	822.05	20.40	20.55	0.15

表 5.17　ロジスティック回帰分析の分析結果

Model	p	MNM	ErrMNM	MINIC	MAXIC	MEANIC	MEANEC	ERRIC	ERREC	差
1	5	3	7.5	0	12	3.69	615.11	9.23	15.38	6.15
2	4	3	7.5	0	12	4.90	651.53	12.25	16.29	4.04
3	4	3	7.5	0	12	4.59	673.58	11.48	16.84	5.36
4	4	4	10	0	12	4.96	680.98	12.40	17.02	4.62
5	4	3	7.5	0	13	4.21	622.98	10.53	15.57	5.05
6	4	3	7.5	0	13	4.08	608.4	10.20	15.21	5.01
7	3	3	7.5	1	14	6.71	797.51	16.78	19.94	3.16
8	3	5	12.5	0	13	5.82	715.12	14.55	17.88	3.33
9	3	6	<u>15</u>	1	13	6.04	762.17	15.10	19.05	3.95
10	3	3	7.5	0	14	5.07	598.79	12.68	14.97	2.29
11	3	3	7.5	0	12	5.21	671.79	13.03	16.79	3.77
12	3	3	7.5	0	12	5.60	685.16	14.00	17.13	3.13
13	3	4	10	0	14	4.96	622.31	12.40	15.56	3.16
14	3	5	<u>12.5</u>	0	12	5.09	657.84	12.73	16.45	3.72
15	3	5	12.5	0	13	5.24	673.78	13.10	16.84	3.74
16	3	3	7.5	0	12	4.64	588.5	11.60	14.71	3.11
17	2	13	<u>32.5</u>	4	18	11.87	1319.23	29.68	32.98	3.31
18	2	4	10	1	15	7.45	808.03	18.63	20.20	1.58
19	2	6	15	1	15	6.28	723.65	15.70	18.09	2.39
20	2	4	10	2	12	6.85	779.03	17.13	19.48	2.35
21	2	5	12.5	1	13	7.01	772.21	17.53	19.31	1.78
22	2	6	<u>15</u>	1	14	6.21	693.3	15.53	17.33	1.81
23	2	7	<u>17.5</u>	1	13	6.56	722.39	16.40	18.06	1.66
24	2	5	12.5	0	13	4.92	557.49	12.30	<u>13.94</u>	1.64
25	2	5	<u>12.5</u>	1	12	5.74	638.45	14.35	15.96	1.61
26	2	5	<u>12.5</u>	1	11	5.89	668.4	14.73	16.71	1.99
27	1	15	<u>37.5</u>	4	15	13.47	1438.22	33.68	35.96	2.28
28	1	13	<u>32.5</u>	4	15	11.5	1244.35	28.75	31.11	2.36
29	1	8	<u>20</u>	2	14	7.75	771.25	19.38	19.28	−0.09
30	1	7	<u>17.5</u>	1	13	6.07	686.89	15.18	17.17	2.00
31	1	7	<u>17.5</u>	3	14	7.03	706.17	17.58	17.65	0.08

表5.18　IPLP-OLDF の結果

Model	p	MNM	ERRMNM	MINIC	MAXIC	MEANIC	MEANEC	ERRIC	ERREC	差
1	5	3	7.5	0	5	1.60	495.10	<u>4.01</u>	12.38	8.37
2	4	3	7.5	0	6	2.74	434.63	6.86	10.87	4.01
3	4	3	7.5	0	6	2.54	576.32	6.36	14.41	8.05
4	4	4	10	0	6	2.45	552.10	6.11	13.80	7.69
5	4	3	7.5	0	5	1.86	482.26	4.65	12.06	7.40
6	4	3	7.5	0	6	1.86	461.34	4.65	11.53	6.88
7	3	3	7.5	1	8	4.52	681.23	11.31	17.03	5.72
8	3	5	12.5	1	11	4.38	613.45	10.94	15.34	4.40
9	3	6	15	1	7	4.17	673.27	10.42	16.83	6.41
10	3	3	7.5	0	7	2.82	382.62	7.05	9.57	2.51
11	3	3	7.5	0	7	3.18	584.63	7.95	14.62	6.67
12	3	3	7.5	0	7	3.01	533.08	7.52	13.33	5.80
13	3	4	10	0	7	2.80	411.27	7.00	10.28	3.28
14	3	5	12.5	1	9	3.39	595.33	8.47	14.88	6.42
15	3	5	12.5	0	7	2.97	548.50	7.43	13.71	6.29
16	3	3	7.5	0	7	2.42	440.26	6.04	11.01	4.97
17	2	13	32.5	4	15	11.89	1362.24	29.73	34.06	4.33
18	2	4	10	1	10	5.73	721.54	14.33	18.04	3.71
19	2	6	15	1	11	5.26	661.01	13.14	16.53	3.38
20	2	4	10	2	10	5.36	740.74	13.39	18.52	5.13
21	2	5	12.5	1	11	5.88	772.78	14.70	19.32	4.62
22	2	6	15	1	13	5.31	664.51	13.27	16.61	3.35
23	2	7	17.5	1	11	5.38	729.45	13.44	18.24	4.80
24	2	5	12.5	0	7	2.89	333.94	7.23	<u>8.35</u>	1.12
25	2	5	12.5	1	9	4.13	603.59	10.32	15.09	4.77
26	2	5	12.5	1	9	3.74	581.39	9.36	14.53	5.18
27	1	15	37.5	11	15	14.31	1554.01	35.77	38.85	3.08
28	1	13	32.5	6	15	12.35	1331.74	30.87	33.29	2.43
29	1	8	20	2	12	6.92	818.62	17.30	20.47	3.16
30	1	7	17.5	1	13	5.85	683.19	14.63	17.08	2.45
31	1	7	17.5	3	13	6.50	737.81	16.24	18.45	2.21

は，最小値が 1.12%で最大値は 8.37%である．2%以上の汎化能力の悪いモデルは 30 個と多い．

（4） LDF とロジスティック回帰の改定 IPLP-OLF との比較

表 5.19 は，MNM と LDF とロジスティック回帰の誤分類数と改定 IPLP-OLDF との比較である．3 列目は 40 件の実データの MNM で 4 列目は誤分類確率である．5 列と 6 列は，改定 IPLP-OLDF による 100 組 4000 件の Bootstrap 標本の「教師データ」と「評価データ」の平均誤分類確率である．

7 列目は，4 列目と 5 列目の差であり，実データの MNM と改定 IPLP-OLDF の平均誤分類確率の差である．最小値は -4.33%で，最大値は 5.27%と大きくばらついている．8 行目と 9 行目は LDF と改定 IPLP-OLDF の「教師データ」と「評価データ」の平均誤分類確率の差である．「教師データ」の最小値は 1.46%で，最大値は 8.61%であり，LDF の誤分類確率は改定 IPLP-OLDF に比べ大きい．「評価データ」の最小値は -1.29%で，最大値は 7.11%である．2 変数の Model24 では「教師データ」は 6.47%と，「評価データ」では 6.82%と非常に悪い．10 行目と 11 行目は，100 重交差検証法によるロジスティック回帰と改定 IPLP-OLDF の「教師データ」と「評価データ」の平均誤分類確率の差である．「教師データ」の最小値は -2.12%で，最大値は 6.48%である．「評価データ」の最小値は -2.89%で，最大値は 5.59%である．2 変数の Model24 では「教師データ」は 5.07%，「評価データ」では 5.59%と非常に悪い．すなわち，このモデルでは LDF とロジスティック回帰は改定 IPLP-OLDF より 5.07%から 6.82%と誤分類数が異常に多い．

（5） 改定 IPLP-OLDF の判別係数

表 5.15 は，改定 IPLP-OLDF の「教師データ」100 組の判別係数の 95%，80%，50%信頼区間と判定結果である．95% 信頼区間は，高々 1 個の判別係数が 0 でない．LDF の選んだ 3 変数の Model16 で X1 の判別係数が 50%信頼区間だけで正である．ロジスティック回帰と改定 IPLP-OLDF の選んだ 2 変数の

5.2 100重交差検証法による改定 IPLP-OLDF と判別手法との比較

表 5.19 IPLP と LDF, Logi の比較（枠で囲んだものは図 3.1 で引用）

Model	p	MNM	IP ERRMNM	IPLP ERRIC	IPLP ERREC	IP-IPLP ERRIC	LDF-IPLP ERRIC	LDF-IPLP ERREC	Logi-IPLP ERRIC	Logi-IPLP ERREC
1	5	3	7.5	4.01	12.38	3.49	8.19	5.03	5.22	3.00
2	4	3	7.5	6.86	10.87	0.64	7.17	7.11	5.39	5.42
3	4	3	7.5	6.36	14.41	1.14	7.46	3.40	5.11	2.43
4	4	4	10	6.11	13.80	3.89	8.61	4.37	6.29	3.22
5	4	3	7.5	4.65	12.06	2.85	7.82	4.36	5.87	3.52
6	4	3	7.5	4.65	11.53	2.85	7.97	5.08	5.55	3.68
7	3	3	7.5	11.31	17.03	−3.81	6.39	3.75	5.46	2.91
8	3	5	12.5	10.94	15.34	1.56	6.61	5.14	3.61	2.54
9	3	6	15	10.42	16.83	4.58	8.45	5.64	4.68	2.22
10	3	3	7.5	7.05	9.57	0.45	6.77	6.60	5.62	5.40
11	3	3	7.5	7.95	14.62	−0.45	6.40	2.62	5.08	2.18
12	3	3	7.5	7.52	13.33	−0.02	7.55	4.28	6.48	3.80
13	3	4	10	7.00	10.28	3.00	6.92	6.92	5.40	5.28
14	3	5	12.5	8.47	14.88	4.03	5.26	1.98	4.26	1.56
15	3	5	12.5	7.43	13.71	5.07	8.05	4.26	5.67	3.13
16	3	3	7.5	6.04	11.01	1.46	6.54	3.96	5.56	3.71
17	2	13	32.5	29.73	34.06	2.77	1.60	−0.22	−0.05	−1.08
18	2	4	10	14.33	18.04	−4.33	4.97	2.89	4.29	2.16
19	2	6	15	13.14	16.53	1.86	5.83	4.13	2.56	1.57
20	2	4	10	13.39	18.52	−3.39	6.96	3.48	3.73	0.96
21	2	5	12.5	14.70	19.32	−2.20	3.25	0.50	2.82	−0.01
22	2	6	15	13.27	16.61	1.73	4.11	2.89	2.26	0.72
23	2	7	17.5	13.44	18.24	4.06	5.96	3.73	2.96	−0.18
24	2	5	12.5	7.23	8.35	5.27	6.47	6.82	5.07	5.59
25	2	5	12.5	10.32	15.09	2.18	3.75	0.05	4.03	0.87
26	2	5	12.5	9.36	14.53	3.14	7.09	3.27	5.37	2.18
27	1	15	37.5	35.77	38.85	1.73	4.98	5.31	−2.09	−2.89
28	1	13	32.5	30.87	33.29	1.63	1.46	−1.29	−2.12	−2.18
29	1	8	20	17.30	20.47	2.70	2.22	−1.08	2.07	−1.18
30	1	7	17.5	14.63	17.08	2.87	2.97	1.16	0.55	0.09
31	1	7	17.5	16.24	18.45	1.26	4.16	2.11	1.34	−0.79

Model24 では,95%信頼区間は $X3$ の判別係数だけで負である.しかし,多くのモデルの判別係数が 0 であり,判別手法の評価に適しているが,このデータを用いて判別分析を現実問題に適用することは適していないことがわかる.

5.2.5 CPD データ

19 変数から 1 変数までの表 5.20 の 26 個のモデルで検討する.「Type」の F は 19 変数の変数増加法,B は減少法,f は多重共線性に関係した 3 変数を省いた 16 変数の変数増加法,b は減少法で選ばれたモデルを示す.

(1) LDF の 100 重交差検証法

表 5.20 は,26 個のモデルにおける LDF の分析結果である.[MINIC, MAXIC] は,LDF の誤分類数の範囲である.26 個のうち 20 モデルで MNM は信頼区間に含まれていない.MEANIC の 1 変数以外の 25 モデルは,後述の表 5.22 の改定 IPLP-OLDF の誤分類数の範囲の上限からはみ出している.これは,多重共線性の影響を受けたものと考えられる.ERRIC の最小値のモデルは,19 変数の Model26 である.ERREC が最小値のモデルは 13 変数の Model20 であるので,このモデルを選ぶ.ERRIC と ERREC は 7.35 と 8.91%で,差は 1.56%である.しかし,これまでの検討から 4 から 6 変数モデルが良いと考えている.差は,最小値が − 0.01%で最大値は 2.28%である.2%以上の汎化能力の悪いモデルは 3 個で,16 変数以下の全てのモデルでは 2%以下である.

(2) ロジティック回帰の 100 重交差

表 5.21 は,26 個のモデルにおけるロジスティック回帰の分析結果である.[MINIC, MAXIC] はロジスティック回帰の誤分類数の範囲であり,MNM は全てこの区間に含まれている.これは LDF と異なりロジスティック回帰は,正規性の前提に影響されないためであろう.MEANIC の枠で囲った 15 モデルは,後述の表 5.22 の改定 IPLP-OLDF の誤分類数の範囲の上限より大きな

5.2　100重交差検証法による改定IPLP-OLDFと判別手法との比較

表5.20　LDFの分析結果

Model	p	Type	MNM	ERRMNM	MINIC	MAXIC	MEANIC	MEANEC	ERRIC	ERREC	差
1	1	FBfb	19	7.92	18	36	26.30	2628.70	10.96	10.95	-0.01
2	2	FBfb	13	5.42	19	39	28.98	2895.02	12.08	12.06	-0.01
3	3	FBfb	12	5.00	12	36	21.94	2272.06	9.14	9.47	0.33
4	4	Ffb	10	4.17	12	33	21.32	2222.68	8.88	9.26	0.38
5	4	B	11	4.58	10	31	21.69	2276.31	9.04	9.48	0.45
6	5	Ffb	10	4.17	10	35	22.31	2307.69	9.30	9.62	0.32
7	5	b	8	3.33	11	35	22.02	2302.98	9.18	9.60	0.42
8	5	B	11	4.58	10	30	20.78	2204.22	8.66	9.18	0.53
9	6	B	9	3.75	10	30	20.11	2149.89	8.38	8.96	0.58
10	6	b	7	2.92	10	29	20.67	2202.33	8.61	9.18	0.56
11	6	Ffb	8	3.33	12	39	22.47	2365.53	9.36	9.86	0.49
12	6	DOC1	13	5.42	10	33	22.29	2411.71	9.29	10.05	0.76
13	6	DOC2	11	4.58	12	35	21.12	2298.88	8.80	9.58	0.78
14	7	F	7	2.92	9	34	21.02	2263.98	8.76	9.43	0.67
15	8	F	6	2.50	9	31	20.40	2239.60	8.50	9.33	0.83
16	9	F	4	1.67	7	33	19.62	2204.38	8.18	9.18	1.01
17	10	F	4	1.67	9	30	18.94	2169.06	7.89	9.04	1.15
18	11	F	4	1.67	10	30	18.88	2194.12	7.87	9.14	1.28
19	12	F	4	1.67	9	29	18.44	2159.56	7.68	9.00	1.31
20	13	F	3	1.25	8	28	17.64	2139.36	7.35	8.91	1.56
21	14	F	3	1.25	8	27	17.92	2199.08	7.47	9.16	1.70
22	15	F	3	1.25	8	27	17.91	2247.09	7.46	9.36	1.90
23	16	F	3	1.25	8	28	17.70	2241.30	7.38	9.34	1.96
24	17	F	2	0.83	8	27	17.23	2224.77	7.18	9.27	2.09
25	18	F	2	0.83	8	28	17.21	2243.79	7.17	9.35	2.18
26	19	F	2	0.83	7	28	16.88	2234.12	7.03	9.31	2.28

モデルである．ERRICの最小値のモデルは19変数のModel26で，ERRECの最小値のモデルは18変数のModel18であるので，このモデルを選ぶ．ERRICとERRECは0.32と4.06%で，差は3.74%で汎化能力が著しく悪い．しかし，この変数選択は間違っていると考えている．差は，最小値が0.17%で最大値は3.97%である．2%以上の汎化能力の悪いモデルは11変数以上の9個のモデルである．説明変数が多くなるにつれ，差も大きくなる傾向がある．

表5.21 ロジスティック回帰の分析結果

Model	p	Type	MNM	ERRMNM	MINIC	MAXIC	MEANIC	MEANEC	ERRIC	ERREC	差
1	1	FBfb	19	7.92	12	33	22.03	2244.97	9.18	9.35	0.17
2	2	FBfb	13	5.42	7	27	16.66	1723.34	6.94	7.18	0.24
3	3	FBfb	12	5.00	7	29	17.34	1832.66	7.23	7.64	0.41
4	4	Ffb	10	4.17	4	27	14.65	1646.35	6.10	6.86	0.76
5	4	B	11	4.58	7	28	16.65	1822.35	6.94	7.59	0.66
6	5	Ffb	10	4.17	3	27	14.52	1665.48	6.05	6.94	0.89
7	5	b	8	3.33	2	28	12.08	1412.92	5.03	5.89	0.85
8	5	B	11	4.58	4	27	16.32	1825.68	6.80	7.61	0.81
9	6	B	9	3.75	3	24	13.85	1638.15	5.77	6.83	1.05
10	6	b	7	2.92	2	21	11.49	1442.51	4.79	6.01	1.22
11	6	Ffb	8	3.33	3	26	11.72	1425.28	4.88	5.94	1.06
12	6	DOC1	13	5.42	4	30	16.01	1878.99	6.67	7.83	1.16
13	6	DOC2	11	4.58	5	28	16.84	1894.16	7.02	7.89	0.88
14	7	F	7	2.92	2	21	11.25	1436.75	4.69	5.99	1.30
15	8	F	6	2.50	2	19	10.57	1395.43	4.40	5.81	1.41
16	9	F	4	1.67	0	19	7.35	1133.65	3.06	4.72	1.66
17	10	F	4	1.67	0	19	6.41	1106.59	2.67	4.61	1.94
18	11	F	4	1.67	0	19	5.86	1098.14	2.44	4.58	2.13
19	12	F	4	1.67	0	19	5.85	1135.15	2.44	4.73	2.29
20	13	F	3	1.25	0	15	4.42	1085.58	1.84	4.52	2.68
21	14	F	3	1.25	0	14	3.27	1048.73	1.36	4.37	3.01
22	15	F	3	1.25	0	14	2.58	1048.42	1.08	4.37	3.29
23	16	F	3	1.25	0	11	2.10	1033.90	0.88	4.31	3.43
24	17	F	2	0.83	0	11	1.24	980.76	0.52	4.09	3.57
25	18	F	2	0.83	0	13	0.76	973.24	0.32	4.06	3.74
26	19	F	2	0.83	0	7	0.39	992.61	0.16	4.14	3.97

(3) 改定 IPLP-OLDF の 100 重交差検

表5.22 は，26個のモデルにおける改定 IPLP-OLDF の分析結果である．[MINIC, MAXIC] は，改定 IPLP-OLDF の誤分類数の範囲であり，MNM は $p = 16, 18, 19$ でこの区間に含まれていない．ERRIC の最小値モデルは，MNM の単調減少性から19変数の Model26 である．ERREC の最小値のモデルは10変数の Type = F であるので，このモデルを選ぶ．ERRIC と ERREC は

5.2 100重交差検証法による改定 IPLP-OLDF と判別手法との比較

表 5.22 IPLP-OLDF の分析結果

Model	p	Type	MNM	ERRMNM	MINIC	MAXIC	MEANIC	MEANE	ERRIC	ERREC	差
1	1	FBfb	19	7.92	11	29	18.98	2099.00	7.91	8.75	0.84
2	2	FBfb	13	5.42	3	20	11.55	1420.00	4.81	5.92	1.10
3	3	FBfb	12	5.00	3	18	10.40	1416.00	4.33	5.90	1.57
4	4	Ffb	10	4.17	3	15	8.66	1288.00	3.61	5.37	1.76
5	4	B	11	4.58	3	15	9.50	1482.00	3.96	6.18	2.22
6	5	Ffb	10	4.17	2	15	8.10	1338.00	3.38	5.58	2.20
7	5	b	8	3.33	1	14	6.15	1037.00	2.56	4.32	1.76
8	5	B	11	4.58	2	15	8.98	1469.00	3.74	6.12	2.38
9	6	B	9	3.75	2	12	7.27	1328.00	3.03	5.53	2.50
10	6	b	7	2.92	1	9	5.15	1076.00	2.15	4.48	2.34
11	6	Ffb	8	3.33	1	13	5.64	1066.00	2.35	4.44	2.09
12	6	DOC1	13	5.42	2	13	7.96	1540.00	3.32	6.42	3.10
13	6	DOC2	11	4.58	2	14	8.61	1503.00	3.59	6.26	2.68
14	7	F	7	2.92	1	8	4.69	1064.00	1.95	4.43	2.48
15	8	F	6	2.50	1	8	4.28	1082.00	1.78	4.51	2.73
16	9	F	4	1.67	0	5	2.14	899.00	0.89	3.75	2.85
17	10	F	4	1.67	0	5	1.64	874.00	0.68	3.64	2.96
18	11	F	4	1.67	0	4	1.44	899.00	0.60	3.75	3.15
19	12	F	4	1.67	0	4	1.43	936.00	0.60	3.90	3.30
20	13	F	3	1.25	0	3	1.08	906.00	0.45	3.78	3.33
21	14	F	3	1.25	0	3	0.69	887.00	0.29	3.70	3.41
22	15	F	3	1.25	0	3	0.55	890.00	0.23	3.71	3.48
23	16	F	3	1.25	0	2	0.41	909.00	0.17	3.79	3.62
24	17	F	2	0.83	0	2	0.28	911.00	0.12	3.80	3.68
25	18	F	2	0.83	0	1	0.17	887.00	0.07	3.70	3.62
26	19	F	2	0.83	0	1	0.09	879.00	0.04	3.66	3.63

0.68%と3.63%で，差は2.96%である．LDFとロジスティック回帰より選ばれた説明変数が少なかったが，これまでの経験から多すぎると考える．今後の検討課題である．

　以上から，平均誤分類確率最小基準による変数選択は，多重共線性のあるデータでうまく機能しないようである．差は，最小値が0.84%で最大値は3.68%である．2%以上の汎化能力の悪いモデルは4変数以上の21個である．

(4) LDF とロジスティック回帰の改定 IPLP-OLDF の比較

表 5.23 は，MNM と LDF とロジスティック回帰の誤分類数を改定 IPLP-OLDF と比較したものである．4 列目は 240 件の実データの MNM で，5 列目は誤分類確率である．6 列と 7 列は，改定 IPLP-OLDF による 100 組 24000 件

表 5.23 IPLP-OLDF と LDF とロジスティック回帰の分析結果
（枠で囲んだものは図 1.7 で引用）

			IP		IPLP		MNM-IPLP	LDF-IPLP		Logi-IPLP	
Model	p	Type	MNM	ERRMNM	ERRIC	ERREC	ERRIC	ERRIC	ERREC	ERRIC	ERREC
1	1	FBfb	19	7.92	7.91	8.75	0.01	3.05	2.21	1.27	0.61
2	2	FBfb	13	5.42	4.81	5.92	0.60	7.26	6.15	2.13	1.26
3	3	FBfb	12	5.00	4.33	5.90	0.67	4.81	3.57	2.89	1.74
4	4	Ffb	10	4.17	3.61	5.37	0.56	5.28	3.89	2.50	1.49
5	4	B	11	4.58	3.96	6.18	0.63	5.08	3.31	2.98	1.42
6	5	Ffb	10	4.17	3.38	5.58	0.79	5.92	4.04	2.67	1.36
7	5	b	8	3.33	2.56	4.32	0.77	6.61	5.27	2.47	1.57
8	5	B	11	4.58	3.74	6.12	0.84	4.92	3.06	3.06	1.49
9	6	B	9	3.75	3.03	5.53	0.72	5.35	3.42	2.74	1.29
10	6	b	7	2.92	2.15	4.48	0.77	6.47	4.69	2.64	1.53
11	6	Ffb	8	3.33	2.35	4.44	0.98	7.01	5.41	2.53	1.50
12	6	DOC1	13	5.42	3.32	6.42	2.10	5.97	3.63	3.35	1.41
13	6	DOC2	11	4.58	3.59	6.26	1.00	5.21	3.32	3.43	1.63
14	7	F	7	2.92	1.95	4.43	0.96	6.80	5.00	2.73	1.55
15	8	F	6	2.50	1.78	4.51	0.72	6.72	4.82	2.62	1.31
16	9	F	4	1.67	0.89	3.75	0.78	7.28	5.44	2.17	0.98
17	10	F	4	1.67	0.68	3.64	0.98	7.21	5.40	1.99	0.97
18	11	F	4	1.67	0.60	3.75	1.07	7.27	5.40	1.84	0.83
19	12	F	4	1.67	0.60	3.90	1.07	7.09	5.10	1.84	0.83
20	13	F	3	1.25	0.45	3.78	0.80	6.90	5.14	1.39	0.75
21	14	F	3	1.25	0.29	3.70	0.96	7.18	5.47	1.08	0.67
22	15	F	3	1.25	0.23	3.71	1.02	7.23	5.65	0.85	0.66
23	16	F	3	1.25	0.17	3.79	1.08	7.20	5.55	0.70	0.52
24	17	F	2	0.83	0.12	3.80	0.72	7.06	5.47	0.40	0.29
25	18	F	2	0.83	0.07	3.70	0.76	7.10	5.65	0.25	0.36
26	19	F	2	0.83	0.04	3.66	0.80	7.00	5.65	0.13	0.47

のBootstrap標本の「教師データ」と「評価データ」の誤分類確率である．8列目は，5列目と6列目の差であり，実データのMNMと改定IPLP-OLDFの誤分類確率の差である．最小値は0.01%で，最大値は2.1%である．

9行目と10行目は，LDFと改定IPLP-OLDFの「教師データ」と「評価データ」の平均誤分類確率の差である．「教師データ」の最小値は3.05%で，最大値は7.28%である．「評価データ」の最小値は2.21%で，最大値は6.15%である．LDFの平均誤分類確率は非常に悪い．

11行目と12行目は，100重交差検証法によるロジスティック回帰と改定IPLP-OLDFの「教師データ」と「評価データ」の平均誤分類確率の差である．「教師データ」の最小値は0.13%で，最大値は3.43%である．「評価データ」の最小値は0.29%で，最大値は1.74%とロジスティック回帰の平均誤分類確率は改定IPLP-OLDFのそれより大きい．

（5）　改定 IPLP-OLDF の判別係数

表5.24は，改定IPLP-OLDFの「教師データ」100組の判別係数の95%，80%，50%信頼区間と95%信頼区間の判定である．$X12$と$X9$がどのモデルでも重要な役割を果たしていることがわかる．95%信頼区間は，17変数モデルで高々4個の判別係数が0でない．しかし，4変数モデルの判別係数は95%信頼区間で1個だけが0でない．これまで，統計的な変数選択法でこの4変数を選んできたが，判別係数の信頼区間からはこれを裏づけできなかった．

5.2.6　まとめ

MNM基準による最適線形判別関数は確率分布に基づいていないため，当初は多くの統計家の理解を得られないことはわかっていた．また，推測統計学の泰斗のフィッシャーが理論の礎を築いたため，多くの統計家はそれを既定の事実として研究を行ってきた．

しかし，筆者が1971年に大学を卒業して，大阪府立成人病センターで心電

表 5.24　IPLP-OLDF の判別係数

SN	p	Type	X1	X2	X3	X4	X5	X6	X7	X8	X9	X10	X11	X12	X13	X14	X15	X16	X17	X18	X19	95%
1	1	FBfb												+								1
2	2	FBfb									+			+								2
3	3	FBfb									+			+								2
4	4	Ffb									0, +			+			0, −			0, +		1
5	4	B									+			+					0	0		2
6	5	Ffb									0, +			+			0, −			0, +		1
7	5	b	0, +								0, +			+			0, −			0, +		1
8	5	B									+			0, 0, +	0				0	0		0
9	6	B									0, +			0, 0, +	0		0, −			0, +		2
10	6	b	0	0, +							+			+						0, +		2
11	6	Ffb		0, +							+			+			0, −		0, −	0, −		2
12	6	DOC1				0, 0, +					0			+		−			0	0		2
13	6	DOC2						0	0		0, +			+		−			0	0		2
14	7	F	0	0, +					0, 0, −		+			+			0, −		0, −	0, +		2
15	8	F	0	0					0, −		0, +			+			0, 0		0, −	+		2
16	9	F	0	0, +			0, +		0, −		+			+			0, −		0, −	0, +		2
17	10	F	0	0, +			+		0, −		+			+			0, −	0	0	+	0, 0, −	4
18	11	F	0	0, +			0, +		0, −	0, 0, −	+			+		0, 0, +	0, −	0	0, −	+	−	4
19	12	F	0	0, +			0, +		0, −	0, 0, −	0, +			0	0		0, −	0	0, −	+	0, 0, −	1
20	13	F	0	0, +		0	+		0, −	0, −	0, +	0, 0, +		0	0		0, −		0, −	+	0, 0, −	3
21	14	F	0	0, +		0, 0, +	+		0, −		+	0, 0, +	0, 0, +	0	0		0, −		0, −	+	0, 0, −	3
22	15	F	0	0, +		0, 0, +	+		0, −		+	0, 0, +	0, 0, +	0	0		0, −	0, +	0, −	+	0, 0, −	3
23	16	F	0	0, +		0, 0, +	0, +		0, 0, +	0, 0, −	+	0, 0, +	0, 0, +	0, 0, +	0		0, −	0	0, −	+	0, 0, −	1
24	17	F	0	0, +		0	0, +		0, 0, +	0, 0, −	0	0, 0, +	0, 0, +	0, 0, +	0		0, −	0	0, −	+	0, 0, −	1
25	18	F	0	0, +	0	0	0, +		0, 0, +	0, −	0	0, 0, +	0, 0, +	0, 0, +	0		0, −	0	0, −	+	0, 0, −	1
26	19	F	0	0, +	0	0, 0, +	0, +	0	0, 0, +	0, −	0	0, 0, +	0, 0, +	0, 0, +	0		0, −	0	0, −	+	0, 0, −	1

5.2 100重交差検証法による改定 IPLP-OLDF と判別手法との比較   191

図自動解析システムの診断論理を統計的に研究した際,データを眺めていて次のことがわかった.

① 「正常と異常群」の判別は,決して2群が正規分布でなく,正常群からある計測値が連続的に大きく(あるいは小さく)変化したものが異常群であること.

② 複数の異常群と正常群の2群判別を個別に考えた場合,最適な2群判別の判別空間,すなわち説明変数の組合せは異なること(渡辺, 1978)[4].

③ 『アンナ・カレーニナ』の冒頭にある不幸な家庭と幸せな家庭の例えのごとく,異常群は正常群に比べ,計測値に異常値などの多様性に富みばらつきが大きくなることもある.

以上の経験から,フィッシャーの仮説を疑う下地はあった.

三宅・新村(1980)では,MNM 基準による最適線形判別関数をヒューリスティック手法でアプローチした[32].

その後,MNM 基準が整数計画法で定式化できることを思い付き,Excel のアドインソルバーの What'sBest! を用いて研究を開始した(新村, 1998)[34]. 2008 年には,LINGO を研究に用いることに切り替えることで,100 重交差検証法による 13500 個の判別関数を検討し,MNM 基準の有効性を次の点で実証できた.

(1) 誤分類確率の平均値の差の結果の検討

表 5.25 は,LDF とロジスティック回帰の平均誤分類確率から,改定 IPLP-OLDF のそれを引いた範囲の最小値と最大値を示したものである.括弧の数字は,負になるモデル数を示し,全体的に改定 IPLP-OLDF の方が良いことがわかる.最小値と最大値が正であれば,その値だけ改定 IPLP-OLDF の平均誤分類確率が少ないことを意味する.LDF は,「教師データ」の全てで改定 IPLP-OLDF より悪かった.「評価データ」では,「アイリスデータ」,「銀行データ」,「学生データ」の 135 モデル中 15 個のモデルで改定 IPLP-OLDF より良いものがある.

表 5.25　既存の判別分析の平均誤分類確率と改定 IPLP-OLDF との差の検討

	LDF − IPLP				Logi − IPLP			
	教師		評価		教師		評価	
	最小値	最大値	最小値	最大値	最小値	最大値	最小値	最大値
アイリス (15)	0.55	5.23	−0.60 (2)	2.36	0.59	5.31	−0.84 (2)	1.85
銀行 (63 個)	0.00	5.32	−0.33 (10)	3.45	0	5.4	−0.3 (24)	3.64
学生 (31)	1.46	8.61	−1.29 (3)	7.11	−2.12 (3)	6.48	−2.89 (7)	5.59
CPD (26)	3.05	7.28	2.21	6.15	0.13	3.43	0.29	1.74

ロジスティック回帰は，「教師データ」では，「学生データ」の 3 個のモデルで改定 IPLP-OLDF より良いものがある．「評価データ」では，「アイリスデータ」，「銀行データ」，「学生データ」の 33 個のモデルで改定 IPLP-OLDF より良いものがある．ロジスティック回帰は非線形回帰分析であり，ロジスティック回帰の誤分類数が少なくても当然である．線形判別関数である改定 IPLP-OLDF より悪い方が多いのは問題であろう．

（2） 選んだモデルの平均誤分類確率の検討

平均誤分類確率が，「教師データ」と「評価データ」の両方で最小のモデル，または一致しない場合は「評価データ」で最小モデルを選ぶことにする．**表 5.26** は，選んだモデルの平均誤分類確率の結果である．「選んだモデル」列は，選ばれたモデルの説明変数の個数を LDF，ロジスティック回帰，改定 IPLP-OLDF の順に示す．その後は，「教師データ」と「評価データ」の平均誤分類確率である．

「アイリスデータ」では，LDF の「教師データ」が 2.26% と悪い．改定 IPLP-OLDF では「評価データ」が 2.53% と悪い．今後の検討課題であろう．

「銀行データ」では，改定 IPLP-OLDF は 2 変数で，ロジスティック回帰は 3 変数で線形分離可能であった．ロジスティック回帰は，最小次元の 2 変数モ

5.2 100重交差検証法による改定IPLP-OLDFと判別手法との比較

表5.26 選んだモデルの平均誤分類確率の検討

選んだモデル		LDF		ロジスティック		IPLP	
		教師	評価	教師	評価	教師	評価
アイリス	4, 4, 4	2.26	0.67	0.70	0.26	0.44	2.53
銀行	4, 3, 2	0.51	0.54	0.00	0.42	0.00	0.42
学生	3, 2, 2	12.58	14.97	12.30	13.94	7.23	8.35
CPD	13, 18, 10	7.35	8.91	0.32	4.06	0.68	3.63

デルを正しく選ばなかった.

「学生データ」では,LDFは3変数モデルを選んだ.ロジスティック回帰と改定IPLP-OLDFは同じ2変数モデルを選んだが,判別結果はロジスティック回帰の方が5%ほど悪いのは大きな問題であろう.

「CPDデータ」では,LDFは13変数モデルを選んで,「教師データ」の判別結果はロジスティック回帰や改定IPLP-OLDFより約7%悪い.ロジスティック回帰は18変数モデル,改定IPLP-OLDFは10変数モデルを選んだが,これまでの経験で4から6変数モデルが良いと考えており,誤分類確率の平均値最小モデルを選ぶという変数選択法は多重共線性のあるデータでは上手く機能

表5.27 判別係数の信頼区間の検討

	概要
アイリス	3手法が選んだ(平均誤分類確率最小の)4変数の判別係数は,$X1$の信頼区間は0であった.3変数モデルの95%信頼区間は0でなかった.
銀行	$X1$から$X3$の判別係数は0が多い.$X4$から$X6$は0でない.95%信頼区間は,高々3変数で0でない.2変数でMNM = 0であることに,ほぼ対応している.
学生	95%信頼区間は,高々1変数で0でない.従来の変数選択法が,2変数や3変数モデルを選ぶのは問題であるかもしれない.
CPD	これまで4変数モデルを良いとしてきたが$X12$の95%信頼区間だけが正.ただし,10変数と11変数で,4変数の判別係数が0でない.

しないようだ．「教師データ」でロジスティック回帰の平均値は0.36%,「評価データ」では改定IPLP-OLDFが0.43%だけ良い．

(3) 判別係数の信頼区間の検討

表5.27は，判別係数の信頼区間の検討をまとめたものである．判別係数は，比例関係にあるものは同じ判別関数であるので，大きな値をもつ判別係数が表れても外れ値ではない．このため，95%信頼区間より80%や50%信頼区間も検討の余地があり，現時点で客観的な断定を控えたい．ただし表では95%信頼区間の判定結果を用いた．

付録 A　LINGO のプログラム（第 4 章で利用）

「学生データ」で説明するのは，ケース数が 40 件しかなく頁数が一番少なくて済むからである．

A.1　改定 IP-OLDF のモデル化

（1）　分析シート

図 A は，「学生データ」の分析のための Excel シートである．セル J2：O41 にセル範囲名 IS を与える．最初の 5 列（J 列から N 列）は 5 個の説明変数の計測値である．O 列に定数項に対応した 1 が入っている．ただし，27 行から 41 行には不合格者の値が入っているが，定数項列を含め負に変換してある．セル範囲名 CHOICE（AV2：BA32）は，5 変数をモデルに取り込む場合は 1 を，取り込まない場合は 0 を定義している．このため定数項を表す BA 列は全て 1 になる．AU 列は，モデルに含まれる説明変数の個数を示す．5 変数モデルから 1 変数モデルまでの 31 モデルが定義してあ

	I	J	K	L	M	N	O	P	Q	AT	AU	AV	AW	AX	AY	AZ	BA	BB	BC	BD	BE	BF	BG	BH	BI
1	SN	性別	勉強	支出	喫煙	飲酒	合否	SCORE1	SCORE2	SCORE31	P							P	VAR						MNM
2	1	1	1	1	0	0	1	4.636	6.000	1.000	5	1	1	1	1	1	1	5	-0.4	0.1	-1.6	0.7	-0.7	9.2	3
3	2	1	10	2	0	0	1	6.697	8.000	1.000	4	0	1	1	1	1	1	4	0	0	-2	1	-1	12	3
4	3	0	6	5	0	1	1	1.000	1.000	1.000	4	1	0	1	1	1	1	4	-0.7	0	-2	0	-0.7	12	3
8	7	0	7	3	0	0	1	5.121	6.000	1.000	3	0	0	1	1	1	1	3	0	0	-2	1	-1	12	3
9	8	0	7	3	1	0	1	5.788	7.000	1.000	3	0	1	0	1	1	1	3	0	1	0	0	-2	0	5
10	9	1	7	3	0	0	1	4.697	6.000	1.000	3	0	1	1	0	1	1	3	-1	0	0	-0.5	-0.5	2.5	5
17	16	1	6	3	1	0	1	5.242	7.000	1.000	3	1	1	1	0	0	1	3	###	###	###	0	0	###	4
18	17	1	4	4	0	1	1	1.970	3.000	1.000	2	0	0	0	1	1	1	2	0	0	0	-1	-1	3	5
19	18	0	6	3	1	2	1	4.212	5.000	1.000	2	0	0	1	0	1	1	2	0	0	###	0	-1	###	3
20	19	1	4	5	1	1	1	1.000	2.000	1.000	2	0	0	1	1	0	1	2	0	0	0	0	-2	0	5
21	20	0	10	4	0	3	1	1.667	1.000	1.000	2	0	1	0	0	1	1	2	-0.7	0	0	0	-0.7	2.3	7
22	21	1	7	4	0	1	1	2.333	3.000	1.000	2	0	1	0	1	0	1	2	0	0	-1	-1	0	5	5
23	22	0	3	5	1	1	1	1.303	2.000	1.000	2	0	1	1	0	0	1	2	0	1	0	-1	0	-3	5
24	23	1	8	3	0	0	1	4.818	6.000	1.000	2	1	0	0	0	1	1	2	0	0	0	-2	0	1	13
25	24	0	5	3	0	2	1	2.515	3.000	1.000	2	1	0	0	1	0	1	2	0	2	###	0	0	###	5
26	25	1	5	3	0	2	1	3.000	4.000	1.000	2	1	0	1	0	0	1	2	0	0	-1	0	0	5	3
27	26	0	-2	-6	0	-3	-1	2.576	3.000	1.000	2	1	1	0	0	0	1	2	-1	0.5	0	0	-1.5	5	
28	27	0	-1	-6	-1	-5	-1	3.485	4.000	-1.000	1	0	0	0	0	1	1	1	0	0	0	0	-1	3	6
29	28	0	-3	-2	-1	-1	-1	-6.212	-8.000	-1.000	1	0	0	0	1	0	1	1	0	0	0	-2	0	1	13
30	29	0	-3	-10	-1	-6	-1	10.515	13.000	-1.000	1	0	0	1	0	0	1	1	0	0	-1	0	0	5	3
31	30	-1	-4	-6	-1	-2	-1	1.364	1.000	-1.000	1	0	1	0	0	0	1	1	0	1	0	0	0	-4	6
32	31	-1	-5	-5	0	-3	-1	1.000	1.000	-1.000	1	1	0	0	0	0	1	1	0	0	0	0	0	1	15
41	40	0	-3	-3	-1	-2	-1	-3.848	-5.000	-1.000															

図 A　学生データの分析のための Excel シート

る．以上がLINGOに入力される．

分析結果は，セル範囲名SCORE(P2：AT41)に出力される．セル範囲名VAR (BC2：BH32)には，31個のモデルの判別係数が出力される．セル範囲名MNM(BI2： BI32)には，31個のモデルのMNMが出力される．

（2） LINGOによる改定IP-OLDFのプログラム

以下が，31個の全ての説明変数の組合せを改定IP-OLDFで連続処理するモデルである．LINGOの集合表記で記述してある．

SETS:からENDSETSは，集合節である．一つの集合で，要素数の同じ複数の配列を管理できる．管理できる内容は，主としてCALC節で配列要素を操作するのに使われる．

集合Pは，5個の説明変数と定数項をX1からX6というインデックスで定義する1次元集合である．

集合Nは，ケース数が40個を表す1次元集合である．Eは集合Nで管理される40個の要素をもつ1次元配列である．この配列では，誤分類されるか正しく判別されるかを表す0/1の整数変数e_iに対応している．

集合MSは，31個の全ての説明変数の組合せを表す1次元配列である．1次元配列MNMは，31個の最適線形判別関数のMNMが出力される．

NMSは，1次元集合NとMSから作られる2次元集合で，40行31列の要素をもつ．2次元配列SCOREには，31個の判別分析の40件の「アイリスデータ」の判別得点が出力される．

このように，1次元集合から2次元以上の派生集合が簡単に定義できる点が重要である．

2次元集合Dは，40行6列の2次元配列IS(教師データ)を定義する．2次元集合MBは，31行6列の説明変数に用いる変数を指定する2次元配列CHOICEと，判別係数を出力するVARを定義する．

DATA節は，DATA：とENDDATAで定義される．「IS = @OLE()；」で，Excelのセル範囲名ISの値をLINGOの2次元配列ISに入力し，「教師データ」として使われる．同様にCHOICEも入力される．逆に2番目のDATA節の「@OLE() = MNM；」で，MNMの値をExcelなどに出力できる．

付録 A　LINGO のプログラム　　197

　SUBMODEL 節は，SUBMODEL と ENDSUBMODEL で IPOLDF という最適線形判別関数を定義する．IPOLDF は改定 IP-OLDF のモデルを定式化している．SUBMODEL はいくつでも定義でき，次の CALC 節で @SOLVE (サブモデル名) で最適化が行える．「MNM(K) = @SUM(N(i) : E(i))；」は，目的関数の $\Sigma_{i=1}^{40} e_i$ を定義する．すなわち「@SUM(N(i)：」でもって集合 N の 40 個の要素の合計を求める．「@FOR(N(i)：@SUM (P(j)：IS(i, j) * VAR(k, j) * CHOICE(k, j)) > 1 - 100000 * E(i))；」は，「@FOR(N(i)」でもって 40 個のケースに対応する 40 組の制約式「@SUM(P(j)：IS(i, j) * VAR(k, j) * CHOICE(k, j)) > 1 - 100000 * E(i))；」を定義する．「@FOR(P(j)：@FREE(VAR(k, j)))；」で，k 番目の判別関数の 6 個の係数が自由変数(数理計画法は原則非負の実数を基本にしているが，自由変数にすると実数全体になる)を定義する．「@FOR(N(I)：@BIN(E(I)))；」は，40 個の e_i が 0/1 の整数変数であることを定義している．非負の一般整数変数の場合は，「@GIN(E(I)))；」のような LINGO の関数を用いればよい．

```
MODEL：! 学生データの改定 IP-OLDF；
SETS：
   P/X1..X6/：；! 配列の定義はない；
   N/1..40/：E；! N が 1 次元集合で，E は要素数 40 の 1 次元配列；
   MS/1..31/：MNM；! MS が 1 次元集合で，MNM は要素数 31 の 1 次元配列；
   NMS(N,MS)：SCORE；! NMS は 1 次元集合 N と M で定義される 40 * 31 の 2 次元配列；
   D(N, P)：IS；! D は 1 次元集合 N と P で定義される 40 * 6 の 2 次元配列；
   MB(MS, P)：CHOICE, VAR；! CHOICE と VAR は 31 行 6 列の 2 次元配列；
ENDSETS
DATA：
   IS = @OLE( )；! Excel のセル名 IS の値を LINGO の 40 行 6 列の配列 IS に格納；
   CHOICE = @OLE()；
ENDDATA
SUBMODEL IPOLDF：
   MIN = MNM(K)；
      MNM(K) = @SUM(N(i)：E(i))；! MNM を Excel に出力するために別途計算；
      @FOR(N(i)：(@SUM(P(j)：IS(i, j) * VAR(k, j) * CHOICE(k, j))) >
1 - 1000000 * E(i))；　! 式(2.6)の 40 個の制約式を集合 N(i)で指定；
```

```
      @FOR(P(j) : @FREE(VAR(k, j)));  ! P(j)で6個の判別係数を自由変数に指定；
      @FOR(N(I) : @BIN(E(I)));         ! N(I)で40個のe_iを0/1の整数変数に指定；
ENDSUBMODEL
CALC :
@SET('DEFAULT'); @SET('ABSINT', 1.E-7);@SET('TERSEO', 2);
K = 1 ; Lend = 31 ; ! Lend = @size(MS)こちらの指定でも構わない；
@WHILE(K #LE# Lend :    ! k が1から31まで繰り返し計算；
   @solve(IPOLDF);
   @FOR(N(I) : SCORE(I, K) = @SUM(P(j) : IS(i, j) * VAR(K, j) * CHOICE(k, j)) );
   K = K + 1);
ENDCALC
DATA :
   @OLE( ) = VAR ; @OLE( ) = MNM ; @OLE( ) = SCORE ;   ! 結果を Excel に出力；
ENDDATA
END
```

CALC節は，CALC：で始まりENDCALCで終了する．複数の複雑な最適化モデルが制御できる．「@SET('DEFAULT')；@SET('TERSEO', 2)；」は，1個の最適化モデルを計算した際に出力される大量の情報を削除している．「@SET('ABSINT', 1.E-7)；」は，数値が 10^{-7} 以下であれば0と判定する．すなわち，判別得点の絶対値が 10^{-7} 以下であれば0と判定する．「K = 1；Lend = @size(MS)；」は，@SIZE関数で配列MSの次数31をLendに与える．そして，Kで1番から31番までのモデルを，WHILE文で連続処理することを示す．「@WHILE(K #LE# Lend：」は，Kが31以下である間，ループ計算される．「@solve(sub1)；」で，k番目の改定IP-OLDFが計算される．「@FOR(N(I)：SCORE(I, K) = @SUM(P(j)：IS(i, j) * VAR(K, j) * CHOICE(k, j)))；」で，k番目の判別関数の40個の判別得点が計算される．

2番目のDATA節で，判別係数がセル範囲名VARに，MNMがMNMに，判別得点がSCOREに出力される．

A.2 LINGOによる改定LP-OLDFのプログラム

LINGOによる改定LP-OLDFは，SUBMODELのIPOLDFをコピーし，「！@FOR(N(I)：@BIN(E(I)))；」というように「！」で整数変数の指定をコメント化して無効にするか削除したLPOLDFを定義すればよい．これによってe_iは，非負の実数になり，計算速度の速いLPモデルになる．ただし，セル範囲名MNMには「$\Sigma_{i=1}^{40} e_i$」の値が入る．この値は，誤分類されたケースの判別超平面からの距離の和を表すが，統計的な利用価値はない．

一方，CALC節に次の文を付け加える．

判別得点が負になる誤分類数(判別超平面上のケースは正しく判別されたと看做す)を31個のモデルで計測し出力したい場合は，WHILE文中で判別得点を計算する文の後に，次の文を付け加えればよい．

@FOR(N(i)：MNM(K) = MNM(k) + @IF(SCORE(I, K) #LT#0, 1, 0))；

「@IF(SCORE(I,K) #LT#0, 1, 0))」でもって，判別得点が負の場合には1，非負の場合には0が，MNM(K)に足しこまれて見かけ上の誤分類数が求まる．

次に，判別得点が0の個数を調べる次の文を入れる．

@FOR(N(i)：zero(K) = zero(k) + @IF(SCORE(I,K) #EQ#0, 1, 0))；

統計ソフトに組み込まれている判別手法でも，f(x)＞0ならClass1，f(x)＜0ならClass2として誤分類数を計算し，判別得点が0になる個数を別途表示すべきである．もしこの個数が正であれば，誤分類数は最大この値まで増える可能性がある．ただし，|判別得点|≦10^{-7}以下を0とするような判定基準を事前に決めておく必要がある．

この他に，最初のDATA節を「MS/1..31/：MNM, ZERO；」と修正し，2番目のDATA節で「@OLE() = ZERO;」を付け加える必要がある．また，Excelでセル名MNM(実際はNM)の横にセル名ZEROを定義する必要がある．この値が0の場合だけ，MNMに出力された値が正しい誤分類数になる．

ただし，|判別得点|＜1を満たすケースがない場合，得られたMNMは正しい解になるので，この条件をさらに追加してもよい．

A.3 LINGO による IP-OLDF のプログラム

LINGO による IP-OLDF は，定数項を 1/-1 に固定するための修正を改定 IP-OLDF のモデルに行う必要がある．

DATA 節で，集合 P の後に「P5/X1..X5/:;」を付け加えて，真の説明変数が 5 個であることを定義する．

SUBMODEL 節の 40 個の制約条件の定数項を，「@FOR(N(i):@SUM(P4(j4):IS(i, j4) * VAR(k, j4) * CHOICE(k, j4)) + IS(i, 6) > - 100000 * E(i));」で配列 IS の 6 列目を固定する．そして，「@FOR(P5(j4):@FREE(VAR(k, j4)));」で，5 個の判別係数だけを自由変数にする．

CALC 節の「@FOR(N(I): SCORE(I, K) = @SUM(P5(j4): IS(i, j4) * VAR(K, j4) * CHOICE(k, j4)) + IS(i, 6));」で，判別得点の計算を変更する．

A.4 LINGO による SVM のプログラム

LINGO による SVM は，SUBMODEL 節で改定 LP-OLDF の目的関数(SVM2)に判別係数の 2 乗和(SVM1)を付け加えることが主な変更点である．SVM の研究者は，このモデルを双対なモデルに変換しているが本書の主題からそれるので割愛する．

MIN = SVM1 + SVM2;
SVM1 = @SUM(P5(j4):VAR(k,j4)^2)/2;
SVM2 = C * @SUM(N(i):E(i));
@FOR(N(i):@SUM(P(j):IS(i,j) * VAR(k, j) * CHOICE(k,j)) >1 - E(i));

CALC 節では，誤分類数と判別得点が零の個数を計算する次の文を残す．
@FOR(N(i): MNM(K) = MNM(k) + @IF(SCORE(I, K) #LT#0,1,0));
@FOR(N(i): zero(K) = zero(k) + @IF(SCORE(I, K) #EQ#0, 1, 0));

付録B　JMPによるLDFとロジスティック回帰の100重交差検証法

　JMPで分析データを入力後，JMPのスクリプト「交差検証3」を立ち上げると，次の画面が現れる．

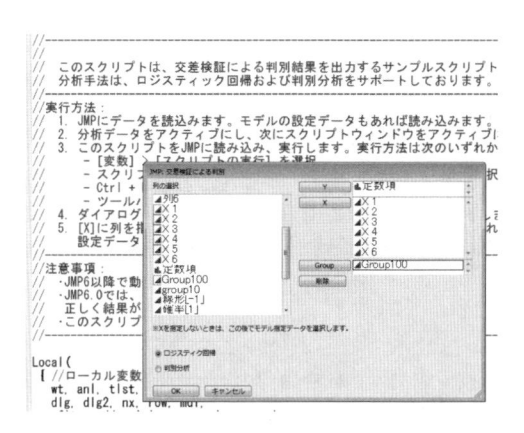

　Yに「1/−1」の入った定数項を指定し，Xに説明変数を指定する．Groupには2万件のBootstrap標本に1から100の交差検証番号が入っている．これで63個のモデルの100重交差検証が行われる．

　もしXに説明変数を入れなければ，次のダイアログボックスで，「付録A」で作成したCHOICEを含むデータをJMPファイルにして指定すれば，モデルの選択的な計算が行える．

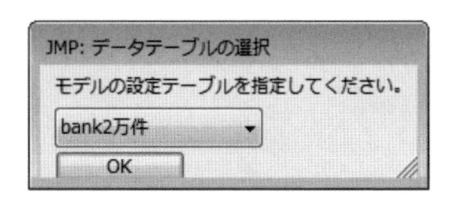

　本プログラムは，SAS Institute Japan株式会社JMPジャパン事業部の協力で完成した．

付録C 最適線形判別関数を応用したい読者へのメッセージ

すでに判別分析を利用されている読者は,もう一度「最適線形判別関数」で現在得られている結果の再評価を行いませんか? そのためには,様々な協力の形態があります.

1. 共同研究

私の研究生活の出発点であり苦杯をなめた「心電図所見の分類」,最近注目を集めていて統計的なアプローチで苦戦している「マイクロ・アレイデータの判別」,アルトマンの倒産判別を起源とする「企業,不動産,債券などの評価」など,すでに研究すべきテーマのデータをお持ちの方で,『最適線形判別関数』による研究も加えてみようという方は,共同研究が可能です.下記の連絡先へメールあるいは郵便でご一報ください.

2. 技術移転

企業などで簡単に技術成果の移転を希望の方は,LINGO, What'sBest!, JMP のスクリプトなどのプログラムや研究成果の詳細情報の移転が可能です.報告書の提出,講習会,説明会などの開催が考えられます.

3. 情報の入手

頁数の関係で,第5章の分析に用いた LINGO の汎用プログラムの解説は削除しました.これを記載した『成蹊大学経済学部論集』は,経済学部をもつ大学の図書館で閲覧できます.直接論文別刷りの入手を希望される場合は,送付先の住所と氏名を明記し,500円切手を同封して下記の連絡先に郵便にてお送りください.

4. ソフトの開発

『最適線形判別関数』関連の手法をソフトウェアとして開発される場合もご相談ください.

〔連絡先〕
〒180-8633
東京都武蔵野市吉祥寺北町3-3-1
成蹊大学経済学部 新村秀一
メールアドレス shinmura@econ.seikei.ac.jp

あ と が き

　本書は，筆者のライフワークの判別関数に関する研究成果をまとめたものである．

　1971年に京都大学理学部数学科の大学院に落ちて就職した．大学に入学したときは，一流の数学者になろうという大望をもっていたが，入学後，吉田の教養キャンパスを歩いていると，中田さんという大男に水泳部の説明会に連れて行かれ，そのまま入部してしまった．午後からの練習に参加すると，夜勉強していても頭に霞がかかった状態で4年間過してきた結果である．

　就職試験はあらかた終わっていたが，NECに電話すると大学院の試験があるから受けにきてくださいということで，三田の本社に行った．試験問題は大学院の工学部生向けのものであり，白紙に近い状態であったがなぜか合格した．その前に，大阪の住友本社ビルの4Fの鬼門の角にあるできたばかりの住商コンピュータサービス（現 住商情報システム）に受かっていたので断りに行ったところ，当時NECから出向されていた津田直次さん（伊庭貞剛の孫）という専務が，「君みたいな成績の悪いものが，秀才きらめくNECに行っても大成しないから断ってやる」といって，NECの人事担当の役員に電話して「こちらでもらっておく」ということで，そのまま押し切られた．

　入社して研修期間中間もなく，その後社長になる中川課長にNECに連れて行かれ，出向が決まった．さらに，NECから大阪府立成人病センターに出向になった．受け入れ先は，NECと心電図の自動解析システムを開発していた野村裕循環器医長の下である．約32個の心電図所見の2,000件程度のデータで正常所見と異常所見の多群判別を行い，心電図の診断体系を研究しなさいということである．すでに同医師は「フィードバックのかかった枝分かれ論理」を開発されていて，「結果が良ければ君の論理も組み込んであげる」ということだった．しかし，4年間やっても，野村医師の診断論理にはるか及ばなかった．決定木分析は，他の判別分析より誤分類数が多い．しかし，フィードバッ

クのかかった枝分かれ論理の診断精度に統計手法は歯が立たなかった．

NEC の出向が終わってからも，自分の意思で大阪成人病センターの疫学部の鈴木先生や大島先生らと研究を続けた．その多くが，医師診断と検査手法の判別分析と評価法に関するものである．

医学関連の研究会で，三宅章彦日本医科大学教授と知り合った．研究会で「三宅さん」と他の研究者から呼ばれているので，SPSS の普及で有名な三宅一郎さんと誤解してあいさつしたのがご縁である．その後，日本医科大学の「CPD データ」の分析や「丸山ワクチン」の分析などに携わった．

研究ばかりしていて会社に貢献しないのも悪いと思い，1977 年の 29 歳のときに当時まだ知名度のなかった SAS を情報センターに入れて統計処理のサービスを始めた．もっとも私の興味は，自分の統計の勉強にあったので，学会や出版を通して SAS の普及に当たった．1984 年にシカゴ大学のビジネススクールのシュラージ(L. Schrage)教授の研究室を訪れ，数理計画法の LINDO 製品の総代理店を取った．

筆者にとっても長い間，この近くて遠き「データの科学」と「モデルの科学」は融合しなかった．博士論文を申請する際の研究テーマを考えているときに，自然と「整数計画法による最適線形判別関数(IP-OLDF)」というテーマに行き着いた．最初の 1～2 年間，本当にこのモデルで良いものかとの疑念があったが，そのうち実は統計学の巨人のフィッシャーが礎を築き，その後 70 年間に世界の英才が開発発展させてきた判別分析に大きな風穴をあけるのではないかと考えるようになった．

2009 年に改定 IPLP-OLDF が改定 IP-OLDF の代わりになることが実証研究でわかったので，2010 年に LDF とロジスティック回帰とともに大規模な 100 重交差検証法を行った．1 年ぐらいかかると思っていたが，過去の経験が生かせたのか 2 カ月で驚くような結果が得られた．

本書によって，これまで霞がかかって何となくわかったようなわからない宙ぶらりんの判別分析の世界が，晴れ渡った視界でもって眺め渡せると考える．なお，本書の出版に際し 2010 年度成蹊大学出版助成を受けた．

引用文献・参考文献

[1]　R.A. Fisher (1936)：『The Use of Multiple Measurements in Taxonomic Problems』，Annals of Eugenics, 7, 179-188.

[2]　V. Vapnik (1995)：『The Nature of Statistical Learning Theory』，Springer-Verlag, 1995.

[3]　佐藤義治 (2009)：『多変量データの分類』，朝倉書店．

[4]　渡辺慧 (1978)：『認識とパターン』，岩波新書．

[5]　L.B. ラステッド (1984)：『臨床診断への新しい道』，コロナ社．[野村裕，中村正彦訳]．

[6]　新村秀一 (2004)：『JMP 活用統計学とっておき勉強法』，講談社．

[7]　豊田秀樹・前田忠彦・柳井晴夫 (1992)：『原因をさぐる統計学』，講談社．

[8]　新村秀樹・新村秀一 (2003)：「決定木分析のモデル選択に関する考察(3)」，『日本オペレーションズリサーチ学会春季アブストラクト集』，70-71.

[9]　新村秀樹・新村秀一 (2002)：「決定木分析のモデル選択に関する考察(1)」，『日本オペレーションズリサーチ学会春季アブストラクト集』，70-71.

[10]　J. P. Sall, L. Creighton & A. Lehman (2004)：『JMP を用いた統計およびデータ分析入門 (第3版)』，SAS Institute Japan ㈱，[新村秀一監修]．

[11]　A. Miyake & S. Shinmura (1976)：『Error rate of linear discriminant function』，F. T. de Dombal & F. Gremy, editors 435-445, North-Holland Publishing Company.

[12]　新村秀一・鈴木隆一郎・中西克己 (1983)：「各種判別手法を用いた医療データ解析の標準化 ― マンモグラフィによる乳癌の診断 ―」，『医療情報学』，3-2, 38-50.

[13]　森村・牧野他編(分担執筆) (1984)：『統計・OR 活用事典』，東京書籍．

[14]　新村秀一・鈴木隆一郎・中西克己 (1981)：「胃 X 線像の各種判別分析」，『オペレーションズ・リサーチ』，26-1, 51-60.

[15]　S. Shinmura, T. Suzuki, H. Koyama & K. Nakanishi (1983)：『Standardization of medical data analysis using various discriminant methods on a theme of

breast diseases, MEDINFO 83』, J. H. Van Bemmel, M. J, Ball and O. Wigertz editors, 349-352, North-Holland Publishing Company.

[16] N. ドレーパー, H. スミス(1968)：『応用回帰分析』, 森北出版. ［中村慶一訳］.

[17] J. P. Sall (1981)：『SAS Regression Applications』, SAS Institute Inc. ［新村秀一(1986)：『SAS による回帰分析の実践』, 朝倉書店］.

[18] 新村秀一(2007)：『Excel と LINGO で学ぶ数理計画法』, 丸善.

[19] L. Schrage (1981)：『LINDO - An Optimization Modeling System -』, The Scientific Press. ［新村秀一・高森寛(1992)：『実践数理計画法』, 朝倉書店］.

[20] L. Schrage(2003)：『Optimizer Modeling with LINGO』, LINDO Systems Inc. ［新村秀一訳(2008)：『LINGO によるモデリング新時代』, 出版未定］.

[21] L. Glover(1990)：『Improve linear programming models for discriminant analysis』, Decision Sciences, 2, 771-785.

[22] J. M. Liittschwager & C. Wang(1978)：『Integer programming solution of a classification problem』, Management Science, 24(14), 1515-1525.

[23] 新村秀一(2007)：「数理計画法による判別分析の10年」, 『計算機統計学』, 20(1/2), 59-94.

[24] B. Flury & H. Rieduyl(1988)：『Multivariate statistics : A Practical Approach』, Cambridge University Press. ［田端吉雄(1900)：『多変量解析とその応用』, 現代数学社］.

[25] R. A. Fisher (1936)：『The Use of Multiple Measurements in Taxonomic Problems』, Annals of Eugenics, 7, 179-188.

[26] A. Edgar (1935)：『The irises of the Gaspe Peninsula』, Bulletin of the American Iris Society, 59, 2-5.

[27] 新村秀一(1997)：『パソコン楽々統計学』, 講談社.

[28] 新村秀一(1999)：『パソコンらくらく数学』, 講談社.

[29] 新村秀一・三宅章彦(1983)：「C. P. D データの多重共線性の解消」, 『医療情報学』, 3-3, 107-124.

[30] 新村秀一(1996)：「重回帰分析と判別分析のモデル決定(2) - 19変数を持つ C.P.D. データのモデル決定 - 」, 『成蹊大学経済学部論集』, 第27巻第1号, 180-203.

[31] A.Stam (1997)：『Nontraditional approaches to statistical classification: Some perspectives on Lp-norm methods』, Annals of Operations Research, 74, 1-36.

[32] 三宅章彦・新村秀一(1980)：「最適線形判別関数のアルゴリズムとその応用」, 『医用電子と生体工学』, 18-1, 15-20.

[33] S. Shinmura & A. Miyake (1979)：『Optimal linear discriminant functions and their application』, COMPSAC 79, 167-172.

[34] 新村秀一(1998)：「数理計画法を用いた最適線形判別関数」, 『計算機統計学』, 11-2, 89-101.

[35] 新村秀一, 垂水共之(1999)：「2変量正規乱数データによるIP-OLDFの評価」, 『計算機統計学』, 12-2, 107-123.

[36] R. E. Warmack & R. C. Gonzalez (1973)：『An algorithm for the Optimal Solution of Linear Inequalities and Its Application to Pattern Recognition』, IEEE Transaction on computer, C-22(12), 1065-1075.

[37] 石井健一郎, 上田修功, 前田英作, 村瀬洋(1998)：『わかりやすいパターン認識』, オーム社.

[38] Cheney, E. W. (1966)：『Introduction to Approximation Theory』, New York. McGraw-Hill.

[39] 新村秀一(2002a)：「数理計画法を用いた最適線形判別関数(1)」, 『オペレーションズ・リサーチ』, 47/1, 38-45.

[40] 新村秀一(2002b)：「数理計画法を用いた最適線形判別関数(2)」, 『オペレーションズ・リサーチ』, 47/2, 109-113.

[41] 新村秀一(2002c)：「数理計画法を用いた最適線形判別関数(3)」, 『オペレーションズ・リサーチ』, 47/3, 172-185.

[42] 新村秀一(2002d)：「数理計画法を用いた最適線形判別関数(4)」, 『オペレーションズ・リサーチ』, 47/4, 24.

[43] 新村秀一(2002e)：「数理計画法を用いた最適線形判別関数(5)」, 『オペレーションズ・リサーチ』, 47/5, 315-321.

[44] 新村秀一(2009)：「線形計画法による改定IP-OLDFの計算時間の改善」, 『計算機統計学』, 1(21), 37-57.

[45] 新村秀一(2007)：「改定IP-OLDFによるIP-OLDFの問題点の解消」, 『計算機

統計学』, 19-1(2006), 1-16.

[46] 新村秀一(2006):「改定 IP-OLDF による SVM のアルゴリズム研究」,『オペレーションズ・リサーチ』, 51/11, 702-707.

[47] 後藤昌司(2002):「統計科学における事例の解剖」,『日本計算機統計学』, 15(2), 185-217.

[48] 新村秀一,尹禮分(2007):「OLDF と SVM の比較研究(4) – 種々のデータによる SVM との比較 – 」,『成蹊大学経済学部論集』, 37-2(2007), 89-119.

[49] 新村秀一(2004):「数理計画法を用いた最適線形判別関数(8) ―524,287 個の回帰モデルの検討―」,『成蹊大学経済学部論集』, 34-2, 53-70.

[50] 高森寛・新村秀一(1987):『統計処理エッセンシャル』, 丸善.

[51] 新村秀一(1994):『SPSS for Windows 入門』, 丸善.

[52] 新村秀一(2010a):「Fisher の判別分析を超えて」,『成蹊大学経済学部論集』, 41-1, 63-101.

[53] 新村秀一(2010b):「マークシート試験による FD の一提案」,『成蹊大学一般研究報告』, (投稿中).

[54] 新村秀一(2010c):「試験の合否判定データの最適線形判別関数による分析」,『成蹊大学一般研究報告』, (投稿中).

索引

【英数字】

100 重交差検証法	vi, vii, 9, 14, 62, 162, 204
2 次計画法	20, 21, 63
2 次判別関数	2, 33, 40, 49, 57
2 変量正規乱数データ	54, 74
2 目的最適化	80, 81, 122
4 種類の実データ	iv, 133, 149
AIC 基準	iii, 28, 33, 87, 101
BigM 定数	75, 80, 99, 104, 107, 117, 148
Bootstrap 標本	iv, 15, 149, 162
CALC 節	133
CPD データ	iv, vii, 40, 53, 74, 79, 96, 150, 159, 184
C_p 統計量	iii, 19, 28, 33, 87
DATA 節	133
Flury & Rieduel	85
FN	10
Haar 条件	iv, vii, 54, 71, 74, 78, 104
H-SVM	65
IP	4, 20, 63
IP-OLDF	vi, 24, 33, 56, 62, 65, 72, 74, 76, 77, 93, 99, 112, 149
――の問題点	74
改定――	iii, v, vii, 4, 62, 65, 75, 85, 107, 117, 133, 204
逐次改定――	65, 75, 82
IP-OLDF（旧版）	117
IPLP-OLDF	24, 62, 65
改定――	v, 112, 149, 162, 166, 191, 204
Jack Knife 法	14
JMP	9, 10, 30, 62, 101, 149, 162
LAV 回帰分析	21, 22
LDF（線形判別関数参照）	iii, vi, 2, 6, 31, 33, 40, 56, 117, 133, 149, 162, 204
Liittschwage & Wang	23, 77
LINGO	vii, 30, 62, 133, 149, 161, 162
LP	20
LP-OLDF	23, 33, 56, 65, 74
改定――	112, 117, 133
LP-OLDF（旧版）	117
MNM	iii, 1, 4
――基準	4, 16, 62, 74
――で単回帰する	37
――の単調減少性	28, 68, 84, 85
NLP	20, 63
NM	4
OLDF	4
Overestimate（過大評価 参照）	6
QP	20, 63
ROC 曲線	10, 17

SAS	101
SET 節	133
Speakeasy	30, 54, 162
SPSS	101
S-SVM	vii, 65, 80, 133
Statistica	29, 101
SVM	vi, 1, 2, 62
TN	10
TP	10
VIF	32, 86, 101
What'sBest!	vii, 104, 112, 61
χ^2 検定	6, 34, 46, 53

【ア行】

アイリスデータ	iv, vii, 29, 47, 53, 74, 95, 150, 154, 163
新しい知見	61
新しい変数選択法	162
一元配置の分散分析	13
一様乱数	v, 14
一般位置	71, 74, 104
右辺定数項	106
枝分かれ論理	203

【カ行】

カーネル・トリック	65, 121
回帰分析	18, 21
回帰木	12
外的基準	9, 40, 13, 54, 57
学生データ	iv, 7, 74, 99, 150, 151, 176
下降基本系列	19, 35, 43
過大評価（Overestimate 参照）	6, 14
偽陰性	10
既存の方法より優れている	61
基本系列	vi
教師データ	iv
銀行データ	iv, 24, 85, 94, 150, 156
グローバー	22, 64
クロス集計（分割表 参照）	13
群内分散	4
群間分散	4
ケチの原理（オッカムの剃刀）	15
決定木分析	12
決定係数	33
決定変数	21, 63
現実問題に適用が容易	61
効率フロンティア	122
誤分類	10, 106
──確率	10
──数	4, 153, 155
誤分類数最小化基準	iii, 1

【サ行】

最近隣法による判別	7
最小自乗法	20, 21
最適線形判別関数	iii, 2, 4, 40, 62, 74, 204
最適凸体	vi, 62, 68, 69, 93
──の頂点	93, 104
──の内点	71, 80, 99, 107, 134
真の──の内点を求めたことの判定条件	109

集合表記	151
シュラージ	75, 99, 204
上昇基本系列	19, 35, 43
新事実	149
心電図の自動解析システム	26
真の偽陰性	10
真の陽性	10
新村の3原則	61, 64, 162
信頼区間	iii, 15, 28, 69, 93, 162
推測統計学	12
数理計画法	vi, 1, 2, 20, 61
スタム	61, 64, 121
全ての組合せ	43, 150
正規性からの乖離	iii, 4, 27, 73
正規分布	iii
整数計画法	iii, 4, 20, 23, 62, 63, 204
線形計画法	20, 21, 63
線形超平面	vi
線形判別関数（LDF 参照）	iii, 2
線形分離可能（MNM=0）	iii, 28
総当たり法	18, 33, 101, 133
ソフトマージン最大化SVM	65

【タ行】

大域的な最適解	20, 63
高森寛	101, 121
多群判別	7, 13, 203
多次元正規分布	3
多次元配列	133
多重共線性	iv, 32, 40, 43, 53, 86, 101, 159, 161, 184, 187
多重比較	13
多目的最適化	23
単調減少	40, 47
逐次F検定	iii, 18, 86, 101
逐次変数選択法	28
チューニング	81
——の問題点	vii
停止則	13, 35
等分散性	6
独立性の検定	13
凸体	vi
——の頂点	74
——の内点	vi, 69

【ナ行】

内部標本	13, 54
中山弘隆	84
野村裕	26, 203

【ハ行】

パーティション	14
ハードマージン最大化	80
——SVM	65
パターン認識	80
汎化能力	14, 65, 66
判定不能（判定保留）	iii, 17, 26, 67, 71
判別関数	97
判別境界点	9, 23
判別係数の空間	iii, 68, 70
判別超平面	iii, 9, 17, 31, 134, 153
判別得点	iii, 106, 122

判別分析	iii, 204	変数増加法	vi, 18, 41, 86, 101
汎用モデル	133, 150, 151, 161	ポートフォリオ分析	64
非線形計画法	20, 63		
ヒューリスティックな OLDF	66, 74	**【マ行】**	
評価データ	iv, 54, 83, 149, 162	マージン	99
フィッシャー	iii, 189	——概念	65, 75, 80
——の仮説	4, 42, 53, 82, 87, 172, 191	——最大化基準	65
		マハラノビスの距離	3, 7, 15
復元抽出	v, 14, 162	三宅章彦	40, 204
分割表(クロス集計 参照)	9		
分散共分散行列	iii, 5, 6	**【ヤ行】**	
分散比	4	尤度比関数	4
分類木	12	尤度比方式による判別	17
平均誤分類確率	vii, 9, 16, 31, 150, 162, 191, 192	**【ラ行】**	
——最小基準による変数選択	187	乱数データ	59
——最小モデル	19	領域の最大/最小問題	20
ペナルティ c	vii, 75, 81, 121	ロジスティック回帰	vi, 2, 4, 7, 40, 133, 149, 150, 162, 204
変数減少法	vi, 18, 41, 86, 101		
変数選択法	iii, 2, 7, 15, 18		

[著者紹介]

新 村 秀 一（しんむら しゅういち）
成蹊大学 経済学部 教授，理学博士

　1948年，富山市に生まれる．1971年，京都大学理学部数学科を卒業後，住商情報システム㈱に入社．統計，OR，AI，数学ソフトの普及に努める．日本オペレーションズ・リサーチ学会，日本計算機統計学会に所属し，1996年，成蹊大学経済学部教授となる．最先端の理数系のソフトを用いて統計や数理計画法の教育を行えば，データを解析し，問題を解決する実際的な能力が比較的容易に習得できると自信を深めている．著書には『意思決定支援システムの鍵』『JMP活用　統計学とっておき勉強法』(以上，講談社ブルーバックス)，『JMPによる統計レポート作成法』，『ExcelとLINGOで学ぶ数理計画法』(以上，丸善)など多数．

最適線形判別関数

2010年10月28日　第1刷発行

著　者　新 村 秀 一
発行人　田 中　　健

検　印
省　略

発行所　株式会社 **日科技連出版社**
〒151-0051　東京都渋谷区千駄ケ谷5-4-2
電話　出版　03-5379-1244
　　　営業　03-5379-1238〜9
振替口座　東京　00170-1-7309

Printed in Japan　　印刷・製本　中央美術研究所

© Shuichi Shinmura 2010　　URL http://www.juse-p.co.jp/
ISBN 978-4-8171-9364-3

本書の全部または一部を無断で複写複製(コピー)することは，著作権法上での例外を除き，禁じられています．